江西理工大学清江学术文库

金属矿山环境友好型
胶结尾砂充填试验与实践

何文 赵奎 周建华 侯浩波 著

北 京

冶 金 工 业 出 版 社

2019

内 容 提 要

　　本书系统地介绍了环境友好型胶结尾砂充填开采在某矿山中的应用实践。全书内容主要分为室内试验和现场试验两大部分。室内试验包括：固化剂与水泥胶结尾砂充填体强度对比试验、浆体试验、管道输送实验室试验、水化热试验；现场试验包括：固化剂胶结尾砂充填体强度试验、充填挡墙试验、现场水化热试验、充填体顶板变形及竖筋应力试验、爆破振动对固化剂胶结尾砂充填体顶板稳定性影响分析以及发泡剂接顶优化试验。

　　本书可供矿业工程技术人员阅读，也可供相关领域的科研人员和高校相关专业的师生参考。

图书在版编目(CIP)数据

金属矿山环境友好型胶结尾砂充填试验与实践/何文等著. —北京：冶金工业出版社，2019.11
ISBN 978-7-5024-8227-5

Ⅰ.①金… Ⅱ.①何… Ⅲ.①金属矿—胶结充填法—实验—研究 Ⅳ.①TD853.34

中国版本图书馆 CIP 数据核字（2019）第 204742 号

出 版 人　谭学余
地　　址　北京市东城区嵩祝院北巷 39 号　邮编　100009　电话　(010)64027926
网　　址　www.cnmip.com.cn　电子信箱　yjcbs@cnmip.com.cn
责任编辑　郭冬艳　美术编辑　吕欣童　版式设计　禹　蕊
责任校对　郭惠兰　责任印制　牛晓波
ISBN 978-7-5024-8227-5
冶金工业出版社出版发行；各地新华书店经销；三河市双峰印刷装订有限公司印刷
2019 年 11 月第 1 版，2019 年 11 月第 1 次印刷
169mm×239mm；10.5 印张；202 千字；156 页
55.00 元
冶金工业出版社　投稿电话　(010)64027932　投稿信箱　tougao@cnmip.com.cn
冶金工业出版社营销中心　电话　(010)64044283　传真　(010)64027893
冶金工业出版社天猫旗舰店　yjgycbs.tmall.com
　　　　　　　（本书如有印装质量问题，本社营销中心负责退换）

前　言

　　进入 21 世纪，一方面我国经济迅猛发展，另一方面人们对资源的需求也在不断增长。矿产资源作为人类的宝贵财富，是必不可少的物质基础。据相关调查显示，目前我国能源、工业原料、农业生产材料都直接或间接地来源于矿产资源。大量的需求导致我国众多矿山开采深度不断增加，逐渐暴露出冒顶、片帮、采空区塌陷等问题，据统计，在 2007~2016 年的 10 年间，矿山动力灾害事故次数约占总事故次数的70%，给企业的经济及安全带来了巨大威胁，所以充填采矿法应运而生，它是指为了保持采空区的稳定性，在矿房或者矿块内，一部分回采工作完成后，用充填材料充填此部分的采空区，利用充填体的稳固性，在充填体保护下进行回采的方法。胶结尾砂充填采矿法具有矿石回采率高、贫化率低、稳固顶板、有效控制地压活动等优点，使得它越来越受到企业重视。但随着胶结充填采矿法的广泛应用，其缺点也逐渐突显：充填成本过高，回采、充填工艺相对复杂，胶结充填采场作业环境差等因素影响了其开采效率。因此，实现矿山的环境友好型胶结尾砂充填至关重要。

　　本书主要由室内试验和现场试验两部分组成。室内试验主要从理论上验证固化剂替代水泥作为尾砂胶凝材料的可行性：通过水泥和固化剂两种胶凝材料在不同配合比和不同龄期的充填体强度、流动度、水化热的试验对比，选出最佳充填配合比，以及验证充填体料浆的输送特性；现场试验是从工程实践中论证固化剂胶结尾砂充填对降低采矿成本和改善作业环境的可行性：以某矿山采场为试验对象，将固化剂代替水泥进行充填，将现场取得的充填体与室内试验充填体的抗压强度进行对比。同时，监测充填挡墙受力、顶板受力和变形以及分析爆破振动对采场稳定性的影响，测量固化剂胶结充填与水泥胶结充填现场温度的变化情况，通过数据对比，检验原有方案的适用性并及时做出调整。最后通过在充填料浆中添加发泡剂，改善充填接顶的效果。

在本书内容所涉及的研究中，江西理工大学硕士研究生刘贤俊、黄超、谢涛、卢春燕、秦政和李深海为项目实施做了大量的工作，付出了辛勤的汗水，在此一并致以诚挚的谢意。

本书的出版得到了江西理工大学的资助，在此对江西理工大学在各方面的支持和帮助表示感谢。

由于作者水平所限，书中不妥之处，恳请广大读者批评指正。

作　者

2019 年 5 月

目　　录

第二部分　现场试验

0 绪 论

0.1 充填采矿技术的发展历程

在世界各地的矿山工作人员和研究人员不懈探索实践过程中，充填方法的理论和技术逐渐完善，充填法的应用也愈加广泛。矿山充填从最初简单的废石干式充填，到水砂混合充填，再到尾砂胶结充填，大致分有四个阶段。

（1）最早出现的充填方法是干式充填。在 20 世纪早期，澳大利亚的一些矿山就开始利用废石充填到井下，即干式充填。加拿大的矿山则将炉渣和贫化矿石充填到采空区。到 20 世纪 40 年代末，国内外都是以处理废石为目的，并没有关注充填材料的性质和充填效果，只是将废石直接充填到空区。

新中国成立初期，国内矿山多采用干式充填法进行开采，其在金属矿的开采应用比例甚至已经超过了 1/3，在黑色金属矿山的比例甚至超过了 1/2。由于国家对矿产资源的需求增大，该方法的问题也逐渐暴露，比如工人的劳动强度非常大，矿山总体生产效率低。同时矿山的产量也非常小，已经无法满足生产需要，因而逐渐被淘汰。

（2）在认识到干式充填的缺陷后，人们开始探索新的充填方法。美国早在 19 世纪 60 年代就曾经进行了水砂充填试验。进入 20 世纪后，大洋洲和北美洲一些国家的矿山改进了水砂充填法。南非、德国等国相继采用水砂充填法。水砂充填的主要工艺是将低浓度的尾砂料浆（质量分数 60%~70%）运至空区。充填后需要大量脱水，而尾砂中细泥成分严重影响脱水过程。因而，需要设法去除细泥，并控制渗透速度。此工艺曾广泛应用在矿业发达国家的一些矿山。但在充填后该工艺需要大量脱水，并且水砂材料资源有限，国外在 20 世纪 70 年代逐渐淘汰了该技术。

20 世纪 60 年代，水砂充填才被国内矿山采用。其中湖南锡矿山锑矿利用充填体的支撑作用来维持采场稳定，地表下沉速率也得到了减缓。湘潭锰矿则应用碎石水力充填。此后国内众多金属矿山逐渐广泛采用该工艺。到 20 世纪 80 年代，累计有几十座金属矿山应用了该工艺。

（3）从干式充填到水砂充填，充填采矿法经过了几十年的实践和改进，国内外学者对充填材料特性的研究和两相流输送理论的研究逐渐增加。同时对于一些富矿、矿岩稳定性不佳的厚大矿体、深部矿体以及"三下"（水、道路、建构筑物）等条件复杂的矿体，不适合采用干式充填和水力充填工艺。因而在 20 世纪60到80年代出现了胶结充填技术。芒特艾萨矿是一个采用胶结充填法的典型矿山，该矿将水泥作为胶结充填的胶凝材料，添加量12%。国内矿山最初采用的胶结充填法，是最传统的混凝土充填工艺。传统胶结充填的输送工艺烦琐，对充填物料的粒径分布要求较高，这些因素限制了其推广应用。随后出现的细砂胶结充填取代了传统胶结充填，该工艺所用集料主要有尾矿库尾砂、河砂以及来自选厂的棒磨砂等。细砂胶结充填工艺与技术经过广泛的实践应用已经日益完善，当前该工艺仍在一些金属矿山应用。

（4）随着世界科技的不断进步，促进了采矿业的发展。20世纪80~90年代，人们在经济发展过程中意识到了环境的重要性，而当时的充填工艺已不符合安全及环境保护的要求，国内外研究人员便提出了高浓度胶结充填技术。一类是以水泥作为胶凝材料的新工艺，如膏体充填、块石胶结充填和工业固废矿胶结充填等；另一类是非水泥胶凝材料的充填工艺，例如高水速凝胶结充填、全砂土胶结充填及赤泥胶结充填等。南非、美国和俄罗斯等国家的地下矿山都相继采用和改进了这些新的充填方法。金川有色金属公司二矿区在20世纪90年代首次建立了完备的膏体充填系统，并顺利使用，效果良好。之后凡口铅锌矿、南京铅锌矿、张马屯铁矿、杜官庄铁矿、铜绿山铜矿和湖田铝土矿等国内众多矿山也逐步建立自己的充填系统并投产应用。从充填采矿的发展历史来看，国内的发展总体滞后国外10~20年，但是随着我国经济的迅速发展以及对科技的重视，差距正在进一步缩小，我国的充填采矿法理论和工艺得到了进一步完善和优化。

在充填材料方面，众多学者研究利用工业废料来代替水泥作为胶凝材料，提高资源的利用率，其中较为典型的是粉煤灰及高水炉渣。张马屯铁矿及湖田铝矿等矿山利用此类胶凝材料进行充填均取得了良好的效果。中国矿业大学研制的高水材料能够有效地解决充填接顶以及充填体强度问题。焦家金矿应用高水材料充填固结技术不仅降低了成本，更有效利用了资源，同时也利于矿山的长期发展。贵州川恒化工股份有限公司和北京科技大学合作开发了一种CH半水磷石膏新型胶凝材料。该材料不仅能够解决磷矿尾矿的堆排问题，同时实现了磷石膏的有效利用。

充填工艺的发展主要是高浓度全尾砂胶结充填、废石胶结充填、膏体泵送充填等工艺的完善。各矿山根据自身开采条件，将工艺做了相应的改善。

全尾砂胶结充填，充填料均为尾砂，在外界无法提供足够的充填料、尾矿库建设限制、尾砂有害物质处理或尾砂具有潜在利用价值的矿山条件适用。但要求充填料浆在高浓度状态下有足够的流动性，才能体现出其工业价值。

废石水泥浆胶结充填，充填集料是自然级配的废石料。国外一些学者利用建筑和拆除废料作为充填骨料，不仅释放了建筑废料的堆排空间，同时对资源进行了二次回收利用。集料与水泥浆分批运至井下，混合后，利用自重输送到采空区。此方式不仅保证了充填体的强度，也无需大量脱水，适用范围广。当矿山掘进过程中产生的废石或者露天矿区所剥离的废石能够进行利用时，该法的优势就能突显。对于中小型矿山的充填而言，这种方法的充填系统相对简易，投入小，十分适用。

膏体充填的充填料浓度相对较高，其充填料在输送至空区后不析水。膏体充填料需要以泵送的方式运至井下。因此膏体充填的主要问题是充填体的强度及其流动性。充填料的流动性受原料的密度、级配和颗粒形状等影响，其强度受原料中细泥部分影响。因需要兼顾充填体强度和流动性要求，严格意义上，目前实际应用过程中所制备的充填料并非膏体，而应称作似膏体。

众多矿山结合实际生产情况，将各类充填采矿法进行了改进，矿产资源得到了科学有效的开采利用。鑫汇金矿将原有开采方式与分级全尾砂充填技术结合，充分回收利用了矿产资源，对于缓倾斜中厚矿体开采以及开采废料处理有很大的借鉴价值。铜陵新桥硫铁矿建成的块石充填系统，使二步骤回采的安全得到了显著的改善，不仅节约充填成本，也提高了工作效率，为同类矿山开采提供了十分宝贵的经验。该方法不仅能降低充填成本，而且由块石作为骨料的充填体，其强度远大与尾砂充填体强度，支撑能力更强。对于某些矿山的大采场充填非常合适，如果是剥离废石可供利用的露天矿山，则效益更加显著。江铜武山铜矿改进了原来的下向分级尾砂胶结充填工艺，在取消人工假底的同时，扩大生产规模，从而提高工作效率。凡口铅锌矿与广州大学合作研究了高性能泡沫砂浆充填工艺，有效改善了该矿山嗣后充填脱水的问题。由于泡沫砂浆充填体具有众多优点，如质量轻、流动性好、较好的接顶效果且成本低等，金川镍矿在三矿区进行泡沫砂浆充填现场试验。同时金川镍矿对充填系统进行了改造升级，完善了工艺流程和技术，进一步降低了输送过程中的损失。在砂仓供料、水泥浆料输送的效率等方面得到了改善，解决了料浆输送管路爆裂、搅拌槽溢流等现象。在工艺改进过程中还研发了很多新型设备和技术。会宝岭铁矿通过不懈努力，实现了非胶结全尾砂充填，极大地降低了成本。

充填体力学主要是完善了充填体作用机理、胶结充填体强度、充填体监测等方面的研究。充填体作用原理目前认为有：应力吸收与转移、应力隔离和共同作用。充填体的监测主要还是以现场监测为主，应用压力盒、应力应变计及声发射设备等。

0.2 固化剂简介

自水泥材料问世以来，国内外许多研究人员致力于完善水泥材料的应用范围。如通过加入一些物质控制和调整其水化反应中的变量，改变水化产物的组成，得到具有某些特殊用途的新型水泥材料。

国内外学者研究发现了许多性能优良的水泥替代品，典型的胶凝替代材料有高水炉渣、粉煤灰等。尤其是粉煤灰，不仅有代替水泥的性能，对浆体流动性能、浆体悬浮性也有提高的作用，在国内应用广泛。本项目使用的固化剂是基于水泥发展而来的一种新型硅铝基灰渣胶凝材料，该材料拥有众多优点，比如流动性、水化热小、凝结时间可调，可以满足矿山尾砂胶结充填的大部分性能要求。

0.2.1 胶结尾砂机理

尾砂是岩石经过粉磨而成的超细颗粒，考虑到尾砂与尾砂的许多性质是相似或近似的，如颗粒细度等级、矿物成分等，因此可将固结尾砂机理作为固化剂在胶结尾砂的技术机理。

尾砂的力学性质取决于它们之间的结构联结力，并非结构单元的强度，因此必须研究尾砂矿物的结构性质。颗粒接触带上的相互作用被称为结构联结，尾砂胶结过程是改善颗粒接触，强化结构联结的过程。

当固化剂与尾砂混合后，产生一系列复杂的物理化学反应，如结构置换等。经过这些反应后，加固尾砂的耐久性等性能得到极大提升。

固化剂的胶结尾砂机理可以概括为三大过程：即物理力学过程、化学过程和物理化学过程。化学过程是固化剂胶结尾砂的主要过程，固化剂在固化尾砂的过程中，主要胶结机理如图 0-1 所示。

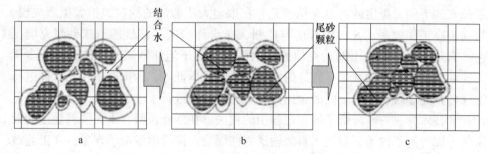

图 0-1 固化剂胶结机理示意图

a—尾砂颗粒的凝聚接触结构；b—类同相接触结构；c—同相接触结构

让尾砂颗粒间产生结晶或胶结，从而产生通过同相或类同相接触是尾砂化学胶结的关键过程。尾砂中硅酸盐矿物成分在固化剂的作用下活性被激发，产生固化反应。而固化剂本身产生的水化反应，其产物易与尾砂颗粒产生同相接触。同时，固化剂中的活性组分与尾砂颗粒中的硅铝酸盐成分发生化学反应，生成胶凝物质。这些胶凝物质以及固化剂水化反应产物一同与尾砂颗粒产生同相接触。进而在颗粒的表面产生凝结硬化，这个过程是不可逆的。胶结后的尾砂各方面性能可以满足矿山充填的要求。

0.2.2 水化反应

固化剂的主要成分包括具有火山灰活性的材料磨细矿粉与激发剂。高水炉渣经过一系列工序处理后，变成具有高活性的粉料即矿粉。微矿粉在复合激发剂的作用下发生水化反应，该反应具有胶凝性，产生的水化热低。同时产物在强度和抗腐蚀性等方面都有出色的表现。通常认为，C—S—H 是固化剂水化的主要产物，而次要产物的组成则比较复杂，这与复合激发剂的具体组成、微矿粉的化学组成和玻晶比有关，常见的有 $Ca(OH)_2$、C_4AH_{13}、C_2ASH_8、CS_2H。

0.3 工程背景介绍

某铜矿北矿带是主要生产矿带。北矿带矿体上盘围岩为铁质黏土、高岭土等强风化岩组，矿体为破碎不稳固矿体。针对铜矿矿岩体条件，矿山先后采用了不同的采矿方法。目前，北矿带采用下向进路胶结充填采矿法，采场沿矿体走向布置，长100m，中段高50m。胶结充填采用的充填材料为水泥和分级尾砂，浆体浓度约为70%。充填分三期进行，一期采用配合比为1:4的水泥胶结尾砂充填至进路高度的一半后，待沉降完全后，打开排水孔排水，然后再用配合比为1:8的水泥胶结尾砂进行二期充填，充填至上部观察孔后，即停止充填，并沉降、排水。最后，用水砂充填接顶。采场的充填方案示意图见图0-2。

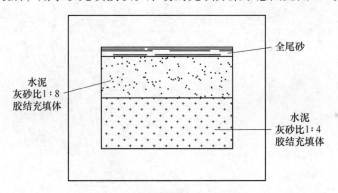

图 0-2 采场充填方案示意图

目前矿山使用的胶凝材料仍是以硅酸盐水泥为主。此系列的水泥各方面的性能比较均衡。然而它也存在一些缺点，不仅早期强度不足，过于集中的水化放热还会导致采场温度过高、作业环境变差。此外，传统的尾砂胶结充填也存在充填成本过高的问题。就该铜矿而言，水泥费用占胶结充填材料成本比例高达60%。因此，急需寻找一种新型胶凝材料替代水泥，以解决目前充填采矿中存在的以上问题，达到降低采矿成本、保障生产安全、改善作业环境的目的，最终实现矿山的环境友好型胶结尾砂充填开采。

第一部分 室内试验

① 固化剂与水泥胶结尾砂充填体强度对比试验

某铜矿北矿带矿体赋存于断裂破碎带中，现采用下向分层胶结充填法回采矿体，回采矿体时，要求充填体具有良好的力学性能，为保障矿山开采的安全作业，对充填体力学性能的研究具有极其重要的意义。鉴于此，本章采用某新型固化剂作为胶结尾砂的胶凝材料。通过充填体的单轴抗压、抗拉和抗剪切试验，得出力学参数，在此基础上分析比较水泥和固化剂两种胶凝材料不同配合比和不同龄期的充填体强度。

1.1 试件的制备及养护

1.1.1 试验材料

尾砂：取自该铜矿的分级尾砂和全尾砂；
胶凝材料：42.5 级水泥和新型固化剂。

1.1.2 试验配合比及浓度计算方法

（1）配合比计算方法

配合比 = 胶凝材料质量：尾砂质量。试验中新型固化剂胶结尾砂充填体采用的配合比为 1：6 和 1：12，而水泥胶结尾砂充填体采用原有工程应用的配合比 1：4 和 1：8，其中 1：4 与 1：6 的充填体在本次试验中简称高配合比，1：8 与 1：12 的充填体简称低配合比。

（2）尾砂胶结充填浆体浓度计算方法

浆体浓度 = [（尾砂质量 + 胶凝材料质量）/ 浆体总重量] × 100%；
本次试验制备的浆体浓度为 70%。

1.1.3　试件制作及养护设备

主要的仪器设备及工具包括：

多功能手动液压脱模机、千斤顶、水泥混凝土恒温湿标准养护箱、试件制作所用的模具、电子秤、搅动棒、搅拌桶、刮刀、泥刀等，如图1-1~图1-4所示。

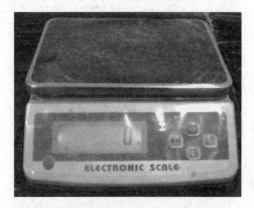

图 1-1　电子秤

图 1-2　试件模具

图 1-3　千斤顶

图 1-4　恒温湿标准养护箱

1.1.4　尾砂含水率测定

在制备试件前均需测定尾砂的含水率，以减少尾砂中所含水分对充填体浆体浓度的影响。分别称取全尾砂和分级尾砂各100g，在烘箱温度100℃的情况下，烘干至恒重，测定其含水率。分级尾砂的含水率测量结果见表1-1，其平均值为0.75%；全尾砂的含水率测量结果见表1-2，其平均值为9.74%。在后期配制充填浆体浓度时，根据尾砂含水率情况，扣除尾砂中原有的含水量。

表 1-1   分级尾矿含水率试验结果

分级尾砂	烘干前质量/g	烘干后质量/g	含水率/%
分级尾砂	100	99.21	0.79
分级尾砂	100	99.18	0.82
分级尾砂	100	99.25	0.75
分级尾砂	100	99.37	0.63
平均值	100	99.25	0.75

表 1-2   全尾矿含水率试验结果

全尾砂	烘干前质量/g	烘干后质量/g	含水率/%
全尾砂	100	90.17	9.83
全尾砂	100	90.24	9.76
全尾砂	100	90.10	9.90
全尾砂	100	90.52	9.48
平均值	100	90.26	9.74

1.1.5   试件制作及养护过程

（1）尾砂运回实验室后，测定尾砂的含水率，根据尾砂的含水率数据计算拌料时所需要的用水量，再根据具体配合比计算出各种材料的用量，包括新型固化剂、42.5 级水泥、全尾砂和分级尾砂。

（2）按照相关规程要求，抗压与抗剪试验中，试件尺寸为直径 50mm、高度 100mm 的圆柱体；抗拉试验中，试件尺寸为直径 50mm，高度 50mm 的圆柱体。制模前将模具用宽胶带封住底部，并在内壁涂刷薄层润滑油，如图 1-2 所示。

（3）按照要求的配合比，用电子秤分别称取尾砂、胶凝材料以及所需水的重量。

（4）将试验用水的温度调至 23~25℃（若室温较低水温可适当高些），然后把称好的新型固化剂加入水中，并充分搅拌至均匀，特别注意底部不能有聚集的胶凝材料。

（5）倒入称好的尾砂充分均匀搅拌约 8min 后，浆体制作完成，即可注入预先备好的模具中进行试件制作。

（6）注入模具的详细流程：分两层进行，第一层注入约 2/3，用钢筋捣棒均匀插捣 15 次并抬高试件模具 10cm 后振实，重复操作 8 次。静置约 30min 后再浇注剩余部分，浆体应高出试模顶面 8~10mm，做好的试块放置标准养护箱内，24h 后取出，将高出部分的浆料沿试件模具顶面削平，试件制作如图 1-5 所示。

不同配合比的新型固化剂充填体与 42.5 级水泥充填体每个龄期至少制备十个
试件。

图 1-5　试件制作过程

（7）将制作好的试件放入标准养护箱进行养护。养护箱内的温度严格控制
在（20±2）℃，湿度控制在 95%，试件养护期间，养护箱严格按照规定条件执
行，试验人员每天往养护箱内注水，以确保养护箱内的湿度。养护箱内可关掉喷
雾装置，养护时用塑料薄膜包裹严实，脱模前注意每天及时清理托盘内的积水，
待养护至具有足够的强度后进行脱模，如图 1-6 所示，脱模后的试件放置在土工
布上防止积水对试件的浸泡，如图 1-7 所示。

图 1-6　试件脱模

（8）待试件养护到试验要求的龄期后，在 RMT-150C 岩石力学试验机上进行
充填体试件的抗压、抗拉与抗剪强度试验。表 1-3 为充填体强度试验的试件数统
计表。

图 1-7 试件养护过程

表 1-3 充填体强度试验试件数统计表

充填材料	配合比	R7 抗压/个	R7 抗拉/个	R7 抗剪/个	R14 抗压/个	R14 抗拉/个	R14 抗剪/个	R28 抗压/个	R28 抗拉/个	R28 抗剪/个	R60 抗压/个	R60 抗拉/个	R60 抗剪/个	浆体浓度/%	小计/个	总计/个
42.5 级水泥胶结分级尾砂	1:4	10	10	10	10	10	10	10	10	10	10	10	10	70	120	
新型固化剂胶结分级尾砂	1:6	10	10	10	10	10	10	10	10	10	10	10	10	70	120	
42.5 级水泥胶结分级尾砂	1:8	10	10	10	10	10	10	10	10	10	10	10	10	70	120	
新型固化剂胶结分级尾砂	1:12	10	10	10	10	10	10	10	10	10	10	10	10	70	120	960
42.5 级水泥胶结全尾砂	1:4	10	10	10	10	10	10	10	10	10	10	10	10	70	120	
新型固化剂胶结全尾砂	1:6	10	10	10	10	10	10	10	10	10	10	10	10	70	120	
42.5 级水泥胶结全尾砂	1:8	10	10	10	10	10	10	10	10	10	10	10	10	70	120	
新型固化剂胶结全尾砂	1:12	10	10	10	10	10	10	10	10	10	10	10	10	70	120	

1.2 抗压强度试验

1.2.1 试验原理

充填体的抗压强度试验方法的基本原理是在试件端面施加单轴压力作用并测得试件所能抵抗破坏时的极限压力值，其试验原理如图 1-8 所示。

1.2.2　试验仪器

试验所用 RMT-150C 岩石力学试验系统是一种数字控制的电液伺服试验机，如图 1-9 所示。该试验机垂直最大加载力为 1000kN，机架刚度 $5 \times 10^6 \mathrm{N/mm}$，是专为岩石和混凝土等材料的力学性能试验而设计的，具有操作方便、控制性能好、自动化程度高等优点。该系统具有位移控制、行程控制与载荷控制三种加载控制方式可供选择，加载速率均匀和测试精度高。该系统充分利用了轴向位移控制与横向位移控制各自的优点，更好地控制了试样的破坏过程，可动态跟踪试验过程中的试样的瞬时荷载、应力、位移和应变值，并可实时绘制应力-应变、荷载-位移曲线等，因此在本次试验中选用该试验系统。

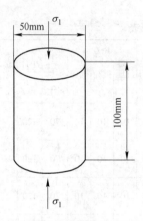

图 1-8　抗压试验原理图

图 1-9　RMT-150C 岩石力学试验机

1.2.3　试验步骤

（1）测量试件的端面直径与高度；

（2）以充填体试件的两圆端面作为加载面，并将试件置于压力机压头上，随后调整其位置，使试件轴心对准试验机上、下压头的轴心；

（3）采用力加载的方式，加载速度 0.5kN/s，直至试件破坏为止，并记录最大破坏荷载及观察加载过程中出现的现象，见图 1-10 和图 1-11。

1.2.4　试验数据计算与整理

（1）单个试件的抗压强度。试件的抗压强度与施加荷载 p 的关系由下式表示：

$$\sigma_c = p/A \tag{1-1}$$

式中　σ_c——充填体试件抗压强度，MPa；

p——充填体试件破坏时所施加的最大荷载，N；

A——充填体试件截面面积，mm^2。

图 1-10　抗压试验　　　　　　图 1-11　试件抗压破坏

（2）每组试件单轴抗压强度的算术平均值（取三位小数）

$$\overline{\sigma}_c = \frac{1}{n}\sum_{i=1}^{n}\sigma_{ci} \tag{1-2}$$

式中　$\overline{\sigma}_c$——试件平均单轴抗压强度，MPa；

σ_{ci}——第 i 个试件的单轴抗压强度，MPa；

n——每组试件个数。

1.2.5　试件破坏过程分析

由图 1-12 应力-应变曲线分析可知，充填体抗压强度的破坏大致可分为五个阶段：

（1）压紧密实阶段，该段曲线斜率逐渐增大，曲线下凹，在这个过程中，充填体对围岩和顶板的作用为"被动支撑"，它是靠围岩和顶板的变形来实现的。

（2）线弹性阶段，此阶段充填体的应力-应变曲线近似为直线段，充填体内原生裂纹逐渐压密，新的裂纹尚未产生。充填体对围岩的作用较大，能很好地控制围岩的移动变形、顶板的下沉。

（3）塑性变形阶段，本阶段应力-应变曲线开始上凸下弯直至水平，达到应力和荷载的峰值，新的裂纹产生，原生裂纹进一步扩展。

（4）裂纹贯通、破坏阶段，这一阶段充填体内部已受到一定程度的破坏，宏观上出现明显的裂纹扩展、分叉、绕行、沟通，小裂纹融入大裂纹，从而形成不同走向的主导裂纹，主导裂纹的不断发展最终导致充填体破坏。

（5）残余变形阶段，在这一阶段充填体虽然已经破坏，但它不是完全失去承载能力，仍然保持一定的残余承载能力。

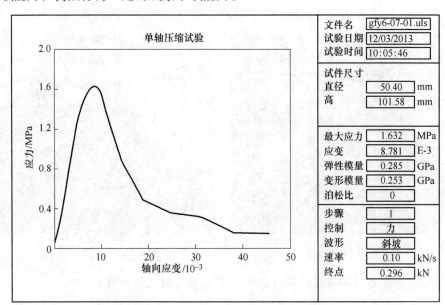

图 1-12　抗压试件破坏过程应力-应变曲线

1.2.6　抗压试验结果及分析

（1）新型固化剂与 42.5 级水泥胶结分级尾砂试验结果。不同配合比的新型固化剂和 42.5 级水泥胶结分级尾砂充填体的抗压强度试验结果分别见表 1-4 和表 1-5，其中表 1-4 为高配合比充填体的试验结果，表 1-5 为低配合比充填体的试验结果。不同配合比的胶结分级尾砂充填体的抗压强度与养护龄期的关系曲线分别见图 1-13 和图 1-14。

表 1-4　高配合比胶结分级尾砂充填体抗压强度试验结果

胶凝材料	配合比	强度/MPa				浆体浓度 /%
		R7	R14	R28	R60	
42.5 级水泥	1:4	2.547	4.450	4.477	4.925	70
新型固化剂	1:6	3.093	4.794	5.172	5.556	70

表 1-5　低配合比胶结分级尾砂充填体抗压强度试验结果

胶凝材料	配合比	强度/MPa				浆体浓度 /%
		R7	R14	R28	R60	
42.5 级水泥	1:8	0.945	1.453	1.507	2.148	70
新型固化剂	1:12	1.184	1.842	2.402	2.690	70

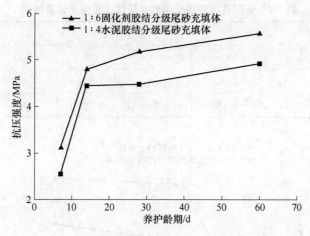

图 1-13 高配合比胶结分级尾砂充填体抗压强度对比曲线

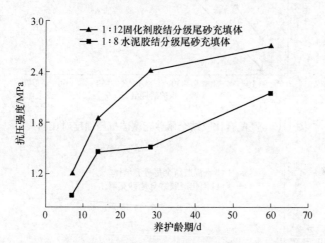

图 1-14 低配合比胶结分级尾砂充填体抗压强度对比曲线

（2）新型固化剂与 42.5 级水泥胶结全尾砂试验结果。不同配合比的新型固化剂和 42.5 级水泥胶结全尾砂充填体抗压强度试验结果分别见表 1-6 和表 1-7，其中表 1-6 为高配合比充填体的试验结果，表 1-7 为低配合比充填体的试验结果。抗压强度与养护龄期的关系曲线分别见图 1-15 和图 1-16。

表 1-6 高配合比胶结全尾砂充填体抗压强度试验结果

胶凝材料	配合比	强度/MPa				浆体浓度 /%
		R7	R14	R28	R60	
42.5 级水泥	1:4	1.360	2.131	3.993	4.125	70
新型固化剂	1:6	0.626	1.253	2.625	3.019	70

表 1-7　低配合比胶结全尾砂充填体抗压强度试验结果

胶凝材料	配合比	强度/MPa				浆体浓度/%
		R7	R14	R28	R60	
42.5 级水泥	1:8	1.003	1.410	1.854	1.977	70
新型固化剂	1:12	0.170	0.401	0.739	1.072	70

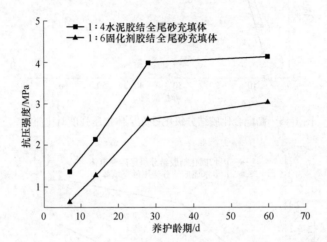

图 1-15　高配合比胶结全尾砂充填体抗压强度对比曲线

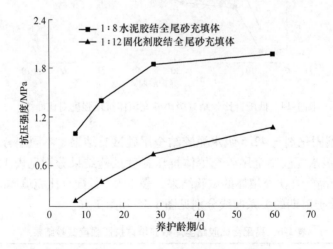

图 1-16　低配合比胶结全尾砂充填体抗压强度对比曲线

（3）不同配合比与不同龄期的新型固化剂胶结分级尾砂与全尾砂的充填体抗压强度对比曲线见图 1-17。

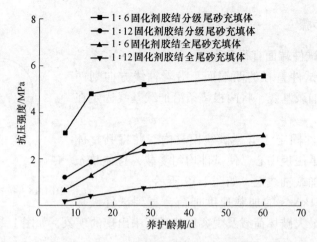

图 1-17 不同配合比、不同龄期下新型固化剂胶结分级尾砂与
全尾砂充填体抗压强度对比曲线

结果分析:

（1）表 1-4 和表 1-5 试验数据及图 1-13 和图 1-14 对比曲线表明，在浆体浓度为 70%，养护龄期分别为 7 天、14 天、28 天、60 天的条件下，配合比为 1∶6 的新型固化剂胶结分级尾砂充填体的抗压强度优于 1∶4 的 42.5 级水泥胶结分级尾砂充填体的抗压强度，配合比为 1∶12 的新型固化剂胶结分级尾砂充填体的抗压强度优于 1∶8 的 42.5 级水泥胶结分级尾砂充填体的抗压强度。

（2）表 1-6 和表 1-7 试验数据及图 1-15 和图 1-16 对比曲线表明，在浆体浓度为 70%，养护龄期分别为 7 天、14 天、28 天、60 天的条件下，配合比为 1∶6 的新型固化剂胶结全尾砂充填体的抗压强度低于 1∶4 的 42.5 级水泥胶结全尾砂充填体的抗压强度，配合比为 1∶12 的新型固化剂胶结全尾砂充填体的抗压强度低于 1∶8 的 42.5 级水泥胶结全尾砂充填体的抗压强度。

（3）由图 1-17 对比曲线可知，配合比分别为 1∶6 和 1∶12 的新型固化剂胶结分级尾砂充填体的各龄期的抗压强度均高于相应条件下胶结全尾砂充填体的抗压强度，这说明新型固化剂胶结分级尾砂充填体的抗压强度高于胶结全尾砂充填体的抗压强度。

1.3 抗拉强度试验

1.3.1 试验原理

抗拉强度试验方法的基本原理是在一个圆柱体上如果施加两个大小相等、方向相反的径向集中荷载时，沿着直径的平面上会产生与其垂直且分布均匀的拉应力，如图 1-18 所示。

1.3.2　试验步骤

（1）测量试件端面直径和高度；

（2）通过试件直径的两端面，沿着轴线方向划两条相互平行的加载基线，将两根垫条沿加载基线固定在试件两端；

（3）将试件固定于劈裂试验模具内，并将其整体置于试验机的承压板中心，使试件均匀受载，且使垫条与试件在同一加载轴线上，如图 1-19 所示；

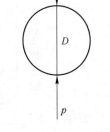

图 1-18　抗拉试验原理图

（4）以 0.1kN/s 的加载速度加荷，直到试件破坏为止，并记录最大破坏荷载及观察加载过程中出现的现象，如图 1-20 所示。

图 1-19　抗拉试验

图 1-20　试件抗拉破坏

1.3.3　试验数据计算与整理

纵向直径平面上作用的拉应力与施加荷载 p 的关系由式（1-3）表示：

（1）单个试件的抗拉强度。

试件的抗拉强度 σ_t 与施加荷载 p 的关系式由下式表示：

$$\sigma_t = \frac{2p}{\pi Dl} \tag{1-3}$$

式中　σ_t——充填体试件抗拉强度，MPa；

　　　p——充填体试件破坏时所施加的最大荷载，N；

　　　D——充填体试件直径，mm；

　　　l——充填体试件长度，mm。

（2）每组试件单轴抗拉强度的算术平均值 σ_t（取三位小数）。

$$\overline{\sigma}_t = \frac{1}{n}\sum_{i=1}^{n}\sigma_{ti} \tag{1-4}$$

式中　$\overline{\sigma}_t$——试件平均单轴抗拉强度，MPa；

σ_{ti}——第 i 个充填体试件单轴抗拉强度，MPa；

n——每组充填体试件个数。

1.3.4　试件破坏过程分析

由图 1-21 抗拉破坏过程应力-应变曲线分析可知，充填体抗拉试验过程大致可分为三个阶段：

（1）压密线弹性阶段，此阶段充填体的抗拉应力-应变曲线近似为直线段；

（2）裂缝失稳阶段，本阶段与抗压试验相同，应力-应变曲线开始上凸下弯直至水平，达到应力和荷载的峰值；

（3）残余破坏阶段，从图 1-21 上可以看出，在这一阶段与抗压相差很大，充填体已经破坏，几乎完全失去承载力，残余强度极其微弱甚至没有，已不具备承载力，充填体材料完全表现为脆性断裂。

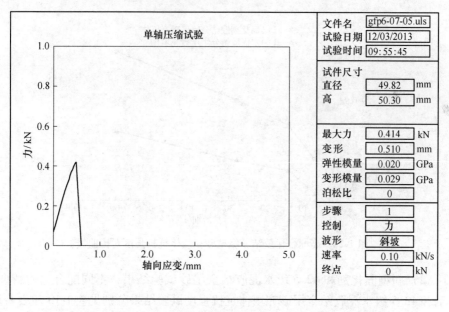

图 1-21　试件抗拉破坏过程应力-应变曲线

1.3.5　抗拉试验结果及分析

（1）新型固化剂和 42.5 级水泥胶结分级尾砂试验结果：不同配合比的新型

固化剂和 42.5 级水泥胶结分级尾砂充填体抗拉强度试验结果分别见表 1-8 和表 1-9，其中表 1-8 为高配合比充填体的试验结果，表 1-9 为低配合比充填体的试验结果。抗拉强度与养护龄期的关系曲线分别见图 1-22 和图 1-23。

表 1-8　高配合比胶结分级尾砂抗拉强度试验结果

胶凝材料	配合比	强度/MPa				浆体浓度/%
		R7	R14	R28	R60	
42.5 级水泥	1:4	0.241	0.411	0.476	0.683	70
新型固化剂	1:6	0.487	0.732	0.902	1.241	70

表 1-9　低配合比胶结分级尾砂抗拉强度试验结果

胶凝材料	配合比	强度/MPa				浆体浓度/%
		R7	R14	R28	R60	
42.5 级水泥	1:8	0.148	0.172	0.260	0.304	70
新型固化剂	1:12	0.177	0.344	0.690	0.920	70

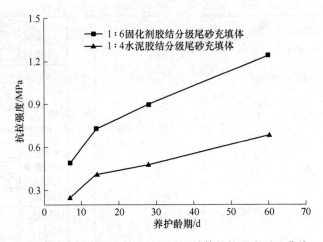

图 1-22　高配合比胶结分级尾砂充填体抗拉强度对比曲线

（2）新型固化剂和 42.5 级水泥胶结全尾砂试验结果：不同配合比的新型固化剂和 42.5 级水泥胶结全尾砂充填体抗拉强度试验结果分别见表 1-10 和表 1-11，其中表 1-10 为高配合比充填体的试验结果，表 1-11 为低配合比充填体的试验结果。抗拉强度与养护龄期的关系曲线分别见图 1-24 和图 1-25。

（3）不同配合比与不同龄期新型固化剂胶结分级尾砂与全尾砂的充填体抗拉强度对比曲线见图 1-26。

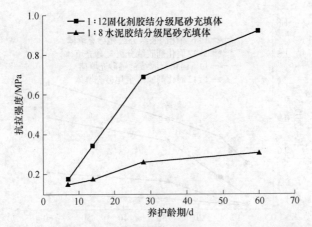

图 1-23 低配合比胶结分级尾砂充填体抗拉强度对比曲线

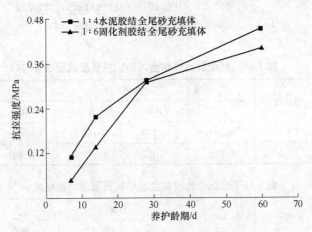

图 1-24 高配合比胶结全尾砂充填体抗拉强度对比曲线

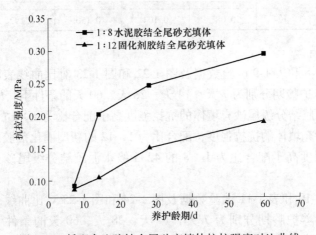

图 1-25 低配合比胶结全尾砂充填体抗拉强度对比曲线

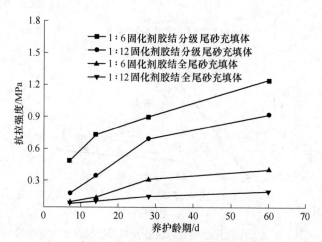

图 1-26　不同配合比、不同龄期新型固化剂胶结分级尾砂与
全尾砂充填体抗拉强度对比曲线

表 1-10　高配合比胶结全尾砂抗拉强度试验结果

胶凝材料	配合比	强度/MPa				浆体浓度
		R7	R14	R28	R60	/%
42.5 级水泥	1∶4	0.109	0.217	0.315	0.453	70
新型固化剂	1∶6	0.095	0.137	0.311	0.401	70

表 1-11　低配合比胶结全尾砂抗拉强度试验结果

胶凝材料	配合比	强度/MPa				浆体浓度
		R7	R14	R28	R60	/%
42.5 级水泥	1∶8	0.092	0.203	0.247	0.295	70
新型固化剂	1∶12	0.087	0.104	0.150	0.192	70

结果分析：

（1）表 1-8 和表 1-9 试验数据及图 1-22 和图 1-23 对比曲线表明，在浆体浓度为 70%，养护龄期分别为 7 天、14 天、28 天、60 天的条件下，配合比为 1∶6 的新型固化剂胶结分级尾砂充填体的抗拉强度高于配合比为 1∶4 的 42.5 级水泥胶结分级尾砂充填体的抗拉强度，配合比为 1∶12 的新型固化剂胶结分级尾砂充填体的抗拉强度高于配合比为 1∶8 的 42.5 级水泥胶结分级尾砂充填体的抗拉强度。

（2）表 1-10 和表 1-11 试验数据及图 1-24 和图 1-25 对比曲线表明，在浆体浓度为 70%，养护龄期分别为 7 天、14 天、28 天、60 天的条件下，配合比为 1∶6 的新型固化剂胶结全尾砂充填体的抗拉强度低于配合比为 1∶4 的 42.5 级水泥胶结全尾砂充填体的抗拉强度，配合比为 1∶12 的新型固化剂胶结全尾砂充填体的抗拉强度低于配合比为 1∶8 的 42.5 级水泥胶结全尾砂充填体的抗拉强度。

（3）由图 1-26 对比曲线可知，配合比分别为 1∶6 和 1∶12 的新型固化剂胶结分级尾砂充填体的各龄期的抗拉强度都高于同配合比胶结全尾砂的抗压强度，且随着各龄期的增加，其强度增长趋势更为明显，这说明新型固化剂胶结分级尾砂充填体的抗拉强度优于胶结全尾砂充填体的抗拉强度。

1.4　抗剪强度试验

1.4.1　试验原理

本次充填体的抗剪强度指标采用角模压剪试验的方法获取，试验的基本原理就是在不同剪切角度下，施加垂直压力，直至试件破坏，测得试件破坏时的垂直压力，然后将不同剪切角度下垂直于试件轴向的分量和平行于径向压力的分量数据进行线性回归，根据库仑定律即可确定充填体的剪切强度指标，即内摩擦角 ϕ 和内聚力 C，试验原理见图 1-27。

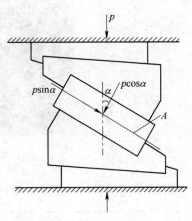

图 1-27　角模压剪试验原理

1.4.2　试验步骤

（1）测量试件的端面直径和高度；

（2）将充填体试件置于角模剪切盒内，并调整角模剪切盒的位置，使其整体重心对准试验机的上、下压头的轴心；

（3）以 0.1kN/s 的加载速度加荷，直到试件破坏为止，并记录最大破坏荷载及观察加载过程中出现的现象；

（4）按照上述的试验方法，分别选取 30°、45°、60° 三个剪切角度进行剪切试验，试验过程如图 1-28 所示。

1.4.3　数据处理

充填体的抗剪破坏采用摩尔-库仑强度准则：

$$\tau = \sigma \tan\phi + C \tag{1-5}$$

式中　C——内聚力；

　　$\tan\phi$——内摩擦系数；

　　ϕ——内摩擦角；

　　τ——抗剪强度；

σ——正应力。

式中，C、ϕ值为充填体抗剪强度的指标；在试件养护龄期为7天、14天、28天、60天后，通过角模压剪试验，即可测得其对应的内聚力C、内摩擦角ϕ。

图1-28　角模压剪试验过程

图1-29为试件抗剪破坏过程的应力-应变曲线。

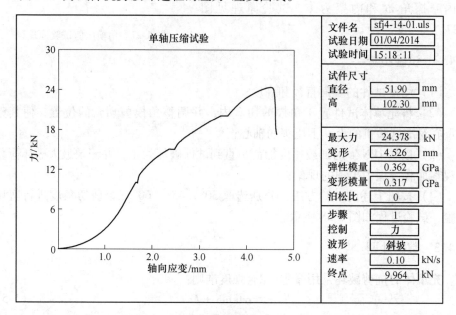

图1-29　试件抗剪破坏过程应力-应变曲线

在角模压剪试验中，试件沿预定的破坏面发生破坏，剪切破坏面上的正应力σ与剪应力τ是随着剪切模具的角度而变的，分别选取30°、45°、60°三个剪切角度进行试验；试件均为 50mm×100mm 的圆柱体，每个角度通常选 3 个试件；试件破坏面上的正应力 σ 与剪应力 τ 由下式表示：

$$\begin{cases} \sigma = \dfrac{p\cos\alpha}{A} \\[2mm] \tau = \dfrac{p\sin\alpha}{A} \end{cases} \tag{1-6}$$

式中　σ——充填体试件破坏面上的正应力，MPa；

　　　τ——充填体试件破坏面上的剪应力，MPa；

　　　p——充填体试件破坏时所施加的最大荷载，N；

　　　A——充填体试件破坏时的剪切面面积，mm^2；

　　　α——充填体试件破坏时的剪切角度。

试验结束后，将同组试验各试件的 σ 和 τ 进行线性回归，结果见图 1-30，即可以计算出不同胶凝材料的充填体试件所对应的 C、ϕ 值。

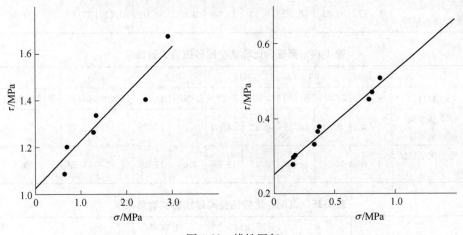

图 1-30　线性回归

1.4.4　抗剪试验结果及分析

试验结果

（1）新型固化剂和 42.5 级水泥胶结分级尾砂充填体的试验结果。不同配合比的新型固化剂和 42.5 级水泥胶结分级尾砂充填体对比试验结果分别见表 1-12 和表 1-13，其中表 1-12 为高配合比充填体的试验结果，表 1-13 为低配合比充填体的试验结果。

（2）新型固化剂和 42.5 级水泥胶结全尾砂抗验结果。不同配合比的新型固化剂和 42.5 级水泥胶结全尾砂充填体对比试验结果分别见表 1-14 和表 1-15，其中表 1-14 为高配合比充填体的试验结果，表 1-15 为低配合比充填体的试验结果。

表 1-12　高配合比胶结分级尾砂抗剪试验结果

充填材料	配合比	R7		R14		R28		R60		浆体浓度/%
		C/MPa	φ/(°)	C/MPa	φ/(°)	C/MPa	φ/(°)	C/MPa	φ/(°)	
42.5 级水泥胶结分级尾砂	1:4	0.65	12.92	1.10	16.16	1.14	17.85	1.24	19.38	70
新型固化剂胶结分级尾砂	1:6	0.87	13.12	1.27	17.08	1.57	20.90	1.70	21.92	70

表 1-13　低配合比胶结分级尾砂抗剪试验结果

充填材料	配合比	R7		R14		R28		R60		浆体浓度/%
		C/MPa	φ/(°)	C/MPa	φ/(°)	C/MPa	φ/(°)	C/MPa	φ/(°)	
42.5 级水泥胶结分级尾砂	1:8	0.19	9.05	0.36	13.24	0.53	15.83	0.62	16.74	70
新型固化剂胶结分级尾砂	1:12	0.29	10.39	0.52	13.06	0.63	16.01	0.72	17.85	70

表 1-14　高配合比胶结全尾砂抗剪试验结果

充填材料	配合比	R7		R14		R28		R60		浆体浓度/%
		C/MPa	φ/(°)	C/MPa	φ/(°)	C/MPa	φ/(°)	C/MPa	φ/(°)	
42.5 级水泥胶结全尾砂	1:4	0.37	10.25	0.62	14.60	1.05	17.75	1.14	18.77	70
新型固化剂胶结全尾砂	1:6	0.24	9.64	0.43	13.64	1.04	17.49	1.12	18.24	70

表 1-15　低配合比胶结全尾砂抗剪试验结果

充填材料	配合比	R7		R14		R28		R60		浆体浓度/%
		C/MPa	φ/(°)	C/MPa	φ/(°)	C/MPa	φ/(°)	C/MPa	φ/(°)	
42.5 级水泥胶结全尾砂	1:8	0.10	10.87	0.25	13.54	0.49	15.47	0.54	16.27	70
新型固化剂胶结全尾砂	1:12	0.05	9.12	0.08	12.67	0.14	13.67	0.27	14.76	70

结果分析:

（1）表 1-12 和表 1-13 试验数据表明，在浆体浓度为 70%，养护龄期分别为 7 天、14 天、28 天、60 天的条件下，配合比为 1:6 的新型固化剂胶结分级尾砂充填体的抗剪强度高于配合比为 1:4 的 42.5 级水泥胶结分级尾砂充填体的抗剪强度，配合比为 1:12 的新型固化剂胶结分级尾砂充填体的抗剪强度高于配合比为 1:8 的 42.5 级水泥胶结分级尾砂充填体的抗剪强度，试验测得相应配合比的新型固化剂胶结分级尾砂充填体的内聚力 C 和内摩擦角 ϕ 值，均大于 42.5 级水泥胶结分级尾砂充填体的内聚力 C 和内摩擦角 ϕ 值。

（2）表 1-14 和表 1-15 试验数据表明，在浆体浓度为 70%，养护龄期分别为 7 天、14 天、28 天、60 天的条件下，配合比为 1∶6 的新型固化剂胶结全尾砂充填体的抗剪强度低于配合比为 1∶4 的 42.5 级水泥胶结全尾砂充填体的抗剪强度，配合比为 1∶12 的新型固化剂胶结全尾砂充填体的抗剪强度低于配合比为 1∶8 的 42.5 级水泥胶结全尾砂充填体的抗剪强度，试验测得相应配合比的新型固化剂胶结全尾砂充填体的内聚力 C 和内摩擦角 ϕ 值，均小于 42.5 级水泥胶结全尾砂充填体的内聚力 C 和内摩擦角 ϕ 值。

1.5　本章小结

（1）从室内试验的角度，浆体浓度为 70%，配合比分别为 1∶6 和 1∶12 的新型固化剂胶结分级尾砂充填体各养护龄期的抗压、抗拉及抗剪强度均高于配合比分别为 1∶4 和 1∶8 的 42.5 级水泥胶结分级尾砂充填体的强度；

（2）从室内试验的角度，浆体浓度为 70%，配合比分别为 1∶6 和 1∶12 的新型固化剂胶结全尾砂充填体各养护龄期的抗压、抗拉及抗剪强度均低于配合比分别为 1∶4 和 1∶8 的 42.5 级水泥胶结全尾砂充填体的强度；

（3）在相同的浆体浓度、配合比及养护龄期的条件下，新型固化剂胶结分级尾砂充填体的强度高于新型固化剂胶结全尾砂充填体的强度，因此采用新型固化剂胶结分级尾砂充填浆体进行浆体试验。

② 浆 体 试 验

胶结尾砂充填浆体的流动度、泌水性及沉降时间是判断胶凝材料优劣的三个重要指标，本章将通过相关试验对比分析新型固化剂胶结分级尾砂充填浆体与42.5级水泥胶结分级尾砂充填浆体的这三个指标。

2.1 流动度试验

在充填过程中，制备好的充填浆体在自重作用下流动，流动性的优劣将直接影响充填浆体流满整个充填区域的均匀密实效果。

2.1.1 试验原理

通过分别测量一定配合比的42.5级水泥胶结分级尾砂与新型固化剂胶结分级尾砂的充填浆体在规定振动状态下的扩展范围来衡量其流动性。

2.1.2 试验仪器

流动度测定仪（简称跳桌，见图 2-1 和图 2-2）、搅拌机、试模、捣棒、卡尺、小刀、天平等。

图 2-1　流动度测定仪

2.1.3 试验方法

（1）如跳桌在 24h 内未被使用，先空跳一个周期，即 25 次。

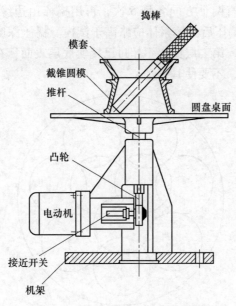

图 2-2 流动度测定仪结构示意图

（2）分别称取烘干分级尾砂 180g，分别加入 20g 的 42.5 级水泥和新型固化剂制备一定量的充填浆体。在制备的同时，用潮湿棉布擦拭跳桌台面、试模内壁、捣棒以及与充填体接触的用具，将试模放在跳桌台面中央并用潮湿棉布覆盖。

（3）将拌好的充填浆体分两层迅速装入试模，第一层装至截锥圆模高度约三分之二处，用小刀在相互垂直两个方向各划 5 次，用捣棒由边缘至中心均匀捣压 15 次，如图 2-3 所示；随后，装第二层充填浆体，装至高出截锥圆模约 20mm。

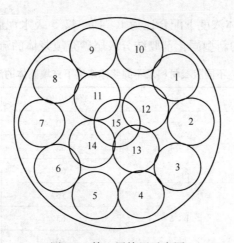

图 2-3 第一层捣压示意图

用小刀在相互垂直两个方向各划 5 次，再用捣棒由边缘至中心均匀捣压 10 次，如图 2-4 所示。捣压后充填浆体应略高于试模。捣压深度，第一层捣至充填浆体高度的二分之一，第二层捣实不超过已捣实底层表面。在装充填浆体和捣压时，需用手扶稳试模，不要使其移动。

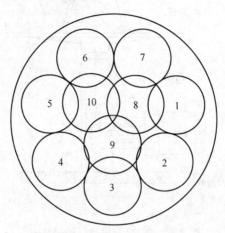

图 2-4　第二层捣压示意图

（4）捣压完毕，取下模套，将小刀倾斜，从中间向边缘分两次以近水平的角度抹去高出截锥圆模的充填浆体，并擦去落在桌面上的充填浆体。将截锥圆模垂直向上轻轻提起。立刻开动跳桌，以每秒钟一次的频率，在（25±1）s 内完成 25 次跳动。

（5）试验从充填材料加水开始到测量扩散直径结束，应在 6min 内完成。

2.1.4　试验结果及分析

表 2-1 为不同浆体浓度下配合比为 1∶4 的 42.5 级水泥胶结分级尾砂充填浆体和配合比为 1∶6 的新型固化剂胶结分级尾砂充填浆体的流动度试验结果。

表 2-1　不同胶凝材料及不同浆体浓度下充填浆体的流动度

胶凝材料	配合比	浆体浓度/%	流动度/mm
42.5 级水泥	1∶4	70	135
		65	140
		60	165
新型固化剂	1∶6	70	140
		65	145
		60	170

从表 2-1 可看出，3 种浆体浓度（70%、65%、60%）的新型固化剂胶结分级尾砂充填浆体的流动度值均大于 42.5 级水泥胶结分级尾砂充填浆体，从而可以得出，新型固化剂胶结分级尾砂充填浆体的流动度优于水泥胶结分级尾砂充填浆体。

2.2　泌水试验

充填浆体在排放过程中，随着较粗的颗粒下沉，水因密度比骨料小，因而被迫逐渐上升到浆体表面的现象称为泌水现象，常用泌水率表示，即泌水量对浆体含水量之比。泌水率是表征浆体稳定性的重要指标，在适当的泌水条件下，泌水率越小，浆体输送的稳定性越好。如果浆体的泌水率过大，在输送过程中会产生离析现象，引起管道堵塞事故。所以为了保证浆体的稳定性，在管道输送时不发生离析分层现象，浆体应具有较小的泌水率。

2.2.1　试验原理

水泥及固化剂都是水硬性胶凝剂，在硬化过程中不断向外界泌出多余水分。在一定时间内分别测定两种胶凝材料的充填浆体泌出的水量，得到泌水率，以此比较其泌水性。

2.2.2　试验方法

用 42.5 级水泥与分级尾砂按配合比 1∶4 和 1∶8，新型固化剂与分级尾砂按配合比 1∶6 和 1∶12 制备浓度为 70% 的 4 组充填浆体，每组共测量 8 次泌水量，单次测量的泌水量作为某一时刻泌水量，截至该时刻的泌水总量作为累计泌水量。泌水量测定如图 2-5 所示。

图 2-5　泌水量测定

2.2.3　试验结果及分析

　　表2-2为42.5级水泥胶结分级尾砂和新型固化剂胶结分级尾砂充填浆体的泌水情况，图2-6为不同胶凝材料的胶结分级尾砂充填浆体累计泌水率随时间变化曲线。

表 2-2　不同胶凝材料充填浆体的泌水情况

胶凝材料	配合比	不同时间的泌水率/%							
		5min	10min	20min	30min	4h	6h	10h	16h
42.5级水泥	1∶4	24.7	14.3	7.4	5.8	5.7	5.7	5.2	5.2
新型固化剂	1∶6	24.2	12.8	5.9	5.1	3.8	3.4	3.4	1.2
42.5级水泥	1∶8	27.1	14.1	8.6	6.4	6.3	6.3	6.1	6.1
新型固化剂	1∶12	25.9	13.3	6.4	5.3	4.2	3.6	3.4	1.5

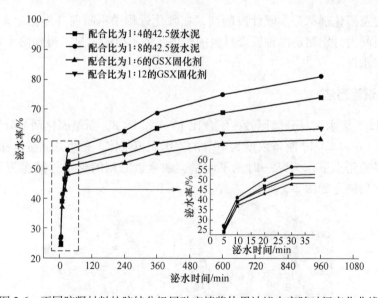

图 2-6　不同胶凝材料的胶结分级尾砂充填浆体累计泌水率随时间变化曲线

　　由图2-6可知，泌水时间在0~30min范围内，随着时间的增加，新型固化剂胶结分级尾砂充填浆体的泌水率增长较快；在30~600min范围内，泌水率随着时间的增加而增长较缓；600min后，泌水率基本不再增长。通过观察发现，配合比为1∶6和1∶12的新型固化剂胶结分级尾砂充填浆体的泌水率始终低于配合比为1∶4和1∶8的42.5级水泥胶结分级尾砂充填浆体。采用新型固化剂的胶结分级尾砂充填浆体在整个过程的泌水量相对较少，达到终凝时间后基本不再泌水，由此可得出新型固化剂胶结分级尾砂充填浆体的泌水性优于 42.5 级水泥胶结分级尾砂充填浆体。

2.3　沉降试验

充填完成后，为提高胶凝材料强度，加快井下作业周期，必须对充填区域抽排明水。充填材料沉降的时间将直接决定排水时间，进一步影响生产作业效率。

2.3.1　充填浆体沉降速率试验

2.3.1.1　试验原理

水泥或固化剂溶于水并与之反应形成胶体，吸附不溶于水的尾砂而沉降，形成固液分离的现象，常用析水率表示；试验记录浆体中胶凝物完全从溶液中分离，沉降至底部所花时间。

2.3.1.2　试验方法

用 42.5 级水泥与分级尾砂按配合比 1∶4 和 1∶8，新型固化剂与分级尾砂按配合比 1∶6 和 1∶12 制备浓度为 70%的充填浆体，再用 100mL 量筒，测定不同时刻澄清液面的高度，直至清液高度不再变化，如图 2-7 所示，澄清液面高度与浆体的原始高度之比为析水率。

图 2-7　澄清液面高度测定

2.3.1.3　试验结果及分析

表 2-3 为沉降速率试验结果，图 2-8 为不同胶凝材料的胶结分级尾砂充填浆体析水率随时间变化曲线。

表 2-3　不同配合比的充填体浆体沉降试验结果

胶凝材料	配合比	不同时间（min）的清液高度（mm）										原始高度 /mm	稳定析水率 /%
		5	10	15	20	25	30	40	50	60	120		
42.5 级水泥	1：4	21	26	28	28	28	28	29	29	29	29	100	29
新型固化剂	1：6	20	25	27	27	27	27	29	29	29	29	97	30
42.5 级水泥	1：8	30	33	33	33	33	34	34	34	34	34	96	35
新型固化剂	1：12	23	26	26	26	26	26	27	27	27	27	89	30

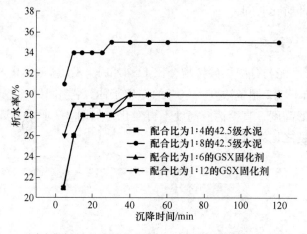

图 2-8　不同胶凝材料的胶结分级尾砂充填浆体析水率随时间变化曲线

由图 2-8 可知，采用 42.5 级水泥与新型固化剂制备的胶结分级尾砂充填浆体的析水率随时间的变化趋势相似，沉降时间在 0~15min 范围内，随着时间的增加析水率增长较快；40min 后，析水率不再变化，均达到稳定状态。配合比为 1：6 和 1：12 的新型固化剂胶结分级尾砂充填浆体在 40min 后析水率相等，均为 30%。

总体来看，新型固化剂胶结分级尾砂充填浆体与 42.5 级水泥胶结分级尾砂充填浆体的沉淀过程相似，沉淀的时间范围相当，选用新型固化剂为胶凝材料制备充填浆体进行充填，其排水时间可以参照水泥胶结分级尾砂充填工艺的排水时间。

2.3.2　外加絮凝剂沉降试验

现场施工如需加快排明水，外加絮凝剂加快浆体沉降是工程上常用的办法。

2.3.2.1　试验方法

本次试验选择不同的絮凝剂 A、B、C，以 1∶6 配合比为基准配合比，比较絮凝剂的加速沉降效果。

试验中絮凝剂 A 选取 3 个试验值：50g/t、100g/t、150g/t；絮凝剂 B 选取25g/t、50g/t；絮凝剂 C 选取 25g/t、50g/t、100g/t、100g/t 干（g/t 为每吨尾砂的絮凝剂添加用量），浆体浓度为 70%。试验结果与不加入絮凝剂的原始样进行对比。

2.3.2.2　试验结果及分析

试验结果分别见图 2-9 ~ 图 2-12。

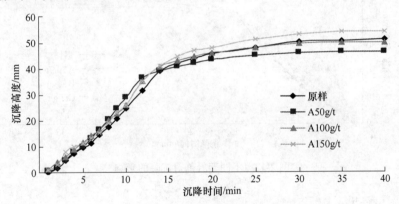

图 2-9　絮凝剂 A 对沉降的影响

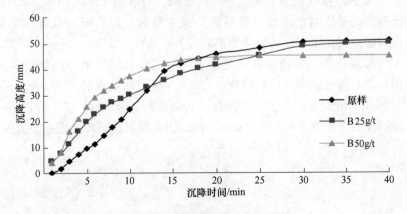

图 2-10　絮凝剂 B 对沉降的影响

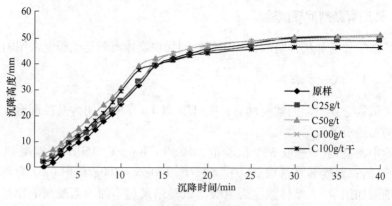

图 2-11　絮凝剂 C 对沉降的影响

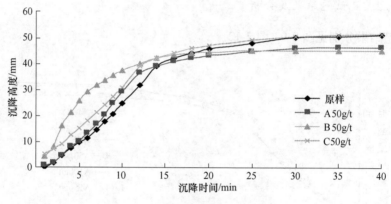

图 2-12　不同絮凝剂对沉降的影响

由图可得出：

（1）絮凝剂的投放加速了充填浆体的沉降，且在前 15min 内效果尤为明显，从三种絮凝剂的效果对比来看，絮凝剂 B 效果最好，絮凝剂 C 较好，絮凝剂 A 稍差，但与原样对比来看总体效果仍然较好。

（2）充填浆体的沉降速度并不是随着絮凝剂投放量的增加而加快，而是存在一个最优值，通过观察发现，投放量为 50g/t 时沉降效果最优。

（3）采用絮凝剂 B 来加快沉降速度，可以提高沉降速度 1 倍，原样 10min 稳定的沉降高度，絮凝剂 B 可以在 5min 完成，因此假设在原尾矿排水中需要 3h 的排水，可能只需 1.5h 就可以排尽。

③ 管道输送实验室试验

3.1　试验目的

通过本试验比较新型固化剂胶结分级尾砂充填浆体与现有 42.5 级水泥胶结分级尾砂充填浆体的管道输送性能。

3.2　试验材料及装置

结合试验目的设计了如下试验装置，试验装置示意图如图 3-1 所示。

制料系统主要包括注浆泵和搅拌桶，制料系统见图 3-2。

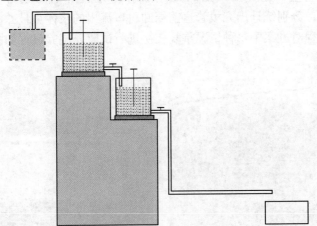

图 3-1　试验装置示意图

图 3-2　制料系统

　　此次试验所需的主要仪器及材料有：铜矿分级尾砂、新型固化剂、42.5 级水泥、注浆泵、搅拌桶、PVC 水管若干、连接管、控制阀、秒表、自来水等。

3.3　试验内容

　　模拟浆体浓度为 70%，配合比分别为 1∶4 和 1∶8 的 42.5 级水泥胶结分级尾砂充填浆体与配合比分别为 1∶6 和 1∶12 的新型固化剂胶结分级尾砂充填浆体的管道输送过程，并对比分析试验结果。

3.4　试验过程

　　（1）制料：根据铜矿现场尾砂技术要求，将一定量的分级尾砂、胶凝材料、水加入制料系统中进行制料，经一级搅拌、二级搅拌，使其搅拌均匀达到试验要求。

　　（2）充填输送模拟：打开控制阀，进行充填输送过程模拟。对充填管道前端卸料口用桶盛接浆体。

　　（3）浆料称重：充填 1min 后，关闭控制阀。用电子秤分别对不同桶盛放的浆体进行称重，分别统计出充填管道前端卸料口流出的浆体重量并做好记录。

　　按以上过程对方案中每种情况重复三次进行试验，试验过程如图 3-3 所示。

图 3-3　模拟管道输送试验

a—制浆过程；b—浆体称重；c—模拟充填；d—浆体盛放

3.5 试验结果

不同配合比的充填浆体输送试验结果分别见表 3-1 和表 3-2，其中表 3-1 为高配合比充填浆体的试验结果，表 3-2 为低配合比充填浆体的试验结果。

表 3-1 高配合比充填浆体管道输送试验结果

胶凝材料	配合比	总量/kg	前端卸料口流量/kg	前端卸料口流量占总量百分比/%	平均值/%
42.5 级水泥	1∶4	4.36	1.74	39.91	39.81
		4.58	1.89	41.27	
		5.07	1.94	38.26	
新型固化剂	1∶6	4.63	2.32	50.12	48.88
		6.17	2.61	42.30	
		5.68	3.08	54.23	

表 3-2 低配合比充填浆体管道输送试验结果

胶凝材料	配合比	总量/kg	前端卸料口流量/kg	前端卸料口流量占总量百分比/%	平均值/%
42.5 级水泥	1∶8	4.76	2.83	59.45	60.25
		4.39	2.72	61.96	
		4.87	2.89	59.34	
新型固化剂	1∶12	4.24	3.62	85.38	79.45
		4.78	3.71	77.62	
		4.95	3.73	75.35	

从表 3-1 和表 3-2 模拟管道输送试验结果可以明显看出，配合比为 1∶6 的新型固化剂胶结分级尾砂充填浆体的前端卸料口流量占总量百分比为 48.88%，优于配合比为 1∶4 的 42.5 级水泥胶结分级尾砂充填浆体的 39.81%；配合比为 1∶12 的新型固化剂胶结分级尾砂充填浆体的前端卸料口流量占总量百分比为 79.45%，亦优于配合比为 1∶8 的 42.5 级水泥胶结分级尾砂充填浆体的 60.25%。

3.6 本章小结

试验结果表明，浆体浓度为 70%时，无论是高配比还是低配比的新型固化剂胶结分级尾砂充填浆体，在管道输送方面较水泥胶结分级尾砂充填浆体均具有优势，因此使用新型固化剂制备充填浆体可以满足管道输送要求。

4 水　化　热

采用水泥作为胶凝材料，缺点之一就是，水化集中放热——在其胶结尾砂过程中，将发生水化反应释放出大量热量。由于受井下通风条件的限制，可能造成井下充填处局部温度过高，影响井下作业。固化剂在材料性质上是属于低钙的硅铝基胶凝材料，其有别于水泥这种高钙基胶凝材料，因此，理论上其水化放热量应远低于水泥。本章在试验测定数据的基础上，结合相关热力学计算数据，对比分析两者的水化热情况。

4.1　水化热室内试验

4.1.1　试验原理

依据热化学的盖斯定律，即化学反应的热效应只与体系的初态和终态有关而与反应的途径无关。它是在热量计周围温度一定的条件下，用未水化的水泥与水化一定龄期的水泥分别在一定浓度的标准酸中溶解，测得溶解热之差，即为该水泥在规定龄期内所放出的水化热。

4.1.2　试验仪器

水热化测定仪（见图 4-1）、保温水槽、内筒、广口保温瓶、贝克曼差示温度计、搅拌装置（分为酸液搅拌器和水槽搅拌器）、曲颈玻璃漏斗、直颈装酸漏

图 4-1　水热化测定仪

斗、天平、高温炉、试验筛、铂坩埚或瓷坩埚、研钵、冰箱、水泥水化试样瓶、磨口称量瓶、最小分度 0.1℃ 的温度计、时钟、秒表、干燥器、容量瓶、吸液管、石蜡等。

4.1.3 试验步骤

（1）试验前保温瓶内壁用石蜡或其他耐氢氟酸的涂料涂覆。

（2）在标定热量计热容量前一天将热量计放在试验室内，保温瓶放入内筒中，酸液搅拌器放入保温瓶内，盖紧内筒盖，接着将内筒放入保温水槽的环形套内。移动酸液搅拌器悬臂夹头致使对准内筒中心孔，并将搅拌器夹紧。在保温水槽内加水使水面高出内筒盖（由溢流管控制高度）。开动保温水槽搅拌器，把水槽内的水温调到（20±1）℃，然后关闭搅拌器备用。

（3）确定 2.00mol/L 硝酸溶液用量，将 48% 氢氟酸 8mL 加入装有耐氢氟酸的量杯内，然后慢慢加入低于室温 6~7℃ 的 2.00mol/L 硝酸溶液（约 393mL），使两种混合物总量达到（425±0.1）g，记录 2.00mol/L 硝酸溶液加入的总量，该量即为试验时所需的 2.00mol/L 硝酸溶液的用量。

（4）在标定试验前，先将贝氏温度计的零点调为 14.5℃ 左右，再开动保温水槽内的搅拌器，并将水温调到（20±0.1）℃。

（5）从安放贝氏温度计孔插入加酸液用的漏斗，按已确定的用量量取低于室温 6~7℃ 的 2.00mol/L 硝酸溶液，先向保温瓶内注入约 150mL，然后加入 8mL 48% 氢氟酸，再加入剩余的硝酸溶液，加毕，取出漏斗，插入贝氏温度计（中途不许拔出，以免影响精度），开动保温水槽搅拌器，接通冷却搅拌器电机的循环水，5min 后观察水槽温度，使其保持（20±0.1）℃。从水槽搅拌器开动算起，连续搅拌 20min。

（6）水槽搅拌器连续搅拌 20min 停止，开动保温瓶中的酸液搅拌器，连续搅拌 20min 后，在贝氏温度计上读出酸液温度，隔 5min 后再读一次酸液温度，此后每隔 1min 读一次酸液温度，直至连续 5min 内，每分钟上升的温度差值相等时为止。记录最后一次酸液温度，此温度值即为初读数 θ_0，初测期结束。

（7）初测期结束后，立即将事先称量好的 7±0.001g 氧化锌通过加料漏斗徐徐地加入保温瓶酸液中（酸液搅拌器继续搅拌），加料过程须在 2min 内完成，漏斗和毛刷上均不得残留试样。

（8）从读出初测读数 θ_0 起分别测读 20min、40min、60min、80min、90min、120min 时贝氏温度计的读数，这一过程为溶解期。

4.1.4 数据处理

热量计在各时间区间内的热容量按式（4-1）计算

$$C = \frac{GO\left[1072.0 + 0.4 \times 30t_{\mathrm{a}} + 0.5(T - t_{\mathrm{a}})\right]}{RO} \tag{4-1}$$

式中　C——热量计热容量，J/℃；

1072.0——氧化锌在30℃时的溶解热，J/g；

GO——氧化锌重量，g；

T——氧化锌加入热量计时的室温，℃；

0.4——溶解热负温比热容，J/(℃·g)；

0.5——氧化锌比热容，J/(℃·g)；

t_{a}——溶解期第一次测读数θ_{a}加贝氏温度计0℃时相应的摄氏温度，℃；

RO——经校正的温度上升值，℃。

RO值按式（4-2）计算

$$RO = (\theta_{\mathrm{a}} - \theta_0) - \frac{a}{b - a}(\theta_{\mathrm{b}} - \theta_0) \tag{4-2}$$

式中　θ_0——初测期结束时（即开始加氧化锌时）的贝氏温度计读数，℃；

θ_{a}——溶解期的第一次测读的贝氏温度计的读数，℃；

θ_{b}——溶解期结束时测读的贝氏温度计的读数，℃；

$a，b$——分别不测读θ_{a}或θ_{b}时距离测初读数θ_0时所经过的时间，min。

4.1.5　试验结果

采用《GB/T 12959—2008》水泥水化热测定方法对42.5级水泥和新型固化剂进行水化热测定对比，考虑到现场充填情况，测定了1天、3天、5天、7天的胶凝材料的水化热对比值，试验结果见表4-1。

表4-1　水化热对比值

胶凝材料	水化热/kJ·kg^{-1}			
	1d	3d	5d	7d
水泥熟料	162	228	252	261
42.5级水泥	155	213	237	250
新型固化剂	103	148	173	189

从表4-1中可看出，新型固化剂的水化热低于42.5级水泥，基本上第1天的水化热值约为水泥的2/3，造成这种原因，主要是由于新型固化剂和42.5级水泥不同的材料组成成分导致。

表4-2为42.5级水泥和新型固化剂的材料组成，从表中可看出，42.5级水泥中水泥熟料掺加比例达到80%以上，而新型固化剂中水泥熟料掺加比例不超过20%，占新型固化剂比例较大的材料为矿渣、粉煤灰等一类的火山灰掺和料及

石膏。

水泥熟料、掺和料、石膏三种成分中，水泥熟料的水化热最大，火山灰材料也具有一定的水化热，但远低于水泥熟料，石膏水化热最小。因此新型固化剂的材料配比导致其水化热值远远低于 42.5 级水泥。

表 4-2　42.5 级水泥和新型固化剂的组成

胶凝材料	水泥熟料/%	掺合料/%	石膏/%	母料/%
42.5 级水泥	80~90	6~15	5	
新型固化剂	10~20	45~55	10~30	5

4.2　热力学计算

运用热力学数据，将 42.5 级水泥和新型固化剂在胶结尾砂过程中的升温进行计算对比。

（1）初始条件。以胶结充填回采巷道断面为例，假设充填空间为 $25×4×3.5m^3$，其中一期充填量 $25×4×1.75m^3$，充填材料为配合比 1∶4 的水泥胶结分级尾砂充填浆体或 1∶6 的新型固化剂胶结分级尾砂充填浆体；二期充填量 $25×4×1.75m^3$，充填材料为配合比 1∶8 的 42.5 级水泥胶结分级尾砂充填浆体或 1∶12 的新型固化剂胶结分级尾砂充填浆体；浆体浓度 70%，初始温度为 23℃。

（2）热力学参数。水的比热为 4.190kJ/（kg·℃），空气比热为 1.006kJ/（kg·℃），空气的密度为 1.29kg/m³，分级尾砂为 2000kJ/（m³·℃）（参考岩土的标准值）；固结后的充填体密度为 $2.13×10^3kg/m^3$（水泥和固化剂值一样），分级尾砂干密度为 $1.8×10^3kg/m^3$，则 1∶4 的 42.5 级水泥胶结分级尾砂充填体干密度为 $1.75×10^3kg/m^3$，1∶8 的 42.5 级水泥胶结分级尾砂充填体干密度 $1.67×10^3kg/m^3$，1∶6 的新型固化剂分级尾砂充填体干密度为 $1.69×10^3kg/m^3$，1∶12 的新型固化剂分级尾砂充填体干密度为 $1.65×10^3kg/m^3$；水泥和新型固化剂的水化热值见表 4-1。

（3）计算公式。热量计算式按式（4-3）

$$Q = C \cdot m \cdot (t - t_0) \tag{4-3}$$

式中　Q——热量，J；

C——热量计热容量，J/℃；

m——质量，kg；

t——末时温度，℃；

t_0——初始温度，℃。

4.2.1　水泥胶结分级尾砂充填升温计算

（1）一期充填热量 Q_1 计算：

充填体积：

$$V = 25 \times 4 \times 1.75 = 175 m^3$$

充填体干密度：

$$\rho_{(干)} = 1.75 \times 10^3 kg/m^3$$

充填体干重：

$$M_1 = \rho V = 306.25 \times 10^3 kg$$

充填体中水泥用量：

$$M_2 = M_1 \times 1/(1+4) = 61.25 \times 10^3 kg$$

充填体中水泥放热：

$$Q_1 = M_2 \times 155 = 9.49 \times 10^6 kJ$$

（2）二期充填热量 Q_2 计算：

充填体积：

$$V = 25 \times 4 \times 1.75 = 175 m^3$$

充填体干密度：

$$\rho_{(干)} = 1.67 \times 10^3 kg/m^3$$

充填体干重：

$$M_1 = \rho_{(干)} V = 292.25 \times 10^3 kg$$

充填体中水泥用量：

$$M_2 = M_1 \times 1/(1+8) = 32.47 \times 10^3 kg$$

充填体中水泥放热：

$$Q_1 = M_2 \times 155 = 5.03 \times 10^6 kJ$$

（3）总热量：

$$Q = Q_1 + Q_2 = 15.42 \times 10^6 kJ$$

（4）胶结充填后排水质量计算：

一期排水：

充填体干重：

$$M_1 = \rho_{(干)} V = 306.25 \times 10^3 kg$$

充填体总重：

$$M_t = \rho_{(干)} V = 372.25 \times 10^3 kg$$

按浆体浓度70%充填，原始总重：

$$M_0 = 306.25 \times 10^3/0.70 = 437.5 \times 10^3 kg$$

一期排水重：

$$M_s = M_0 - M_t = 65.25 \times 10^3 kg$$

二期排水：

充填体干重：

$$M_1 = \rho_{(\text{干})} V = 292.25 \times 10^3 \text{kg}$$

充填体总重：

$$M_t = \rho_{(\text{湿})} V = 372.75 \times 10^3 \text{kg}$$

按浆体浓度70%充填，原始总重：

$$M_0 = 292.25 \times 10^3 / 0.7 = 417.5 \times 10^3 \text{kg}$$

二期排水重：

$$M_x = M_0 - M_t = 45.25 \times 10^3 \text{kg}$$

总的排水量为：

$$M_w = M_x + M_s = 104.5 \times 10^3 \text{kg}$$

（5）巷道空气质量计算：

$$V_a = 3 \times 4 \times 3.5 = 42 \text{m}^3$$

$$M_a = 1.29 \times 42 = 54.18 \text{kg}$$

（6）升温计算：

$$Q_{\text{总}} = C \cdot m \cdot \Delta t = (C_{\text{尾砂}} V + C_{\text{水}} M_w + C_{\text{空气}} M_a) \Delta t$$

将前述参数代入上式，可算出温度变化量：

$$\Delta t = 13.55 \text{℃}$$

则水泥充填巷道中，井下温度将变化至

$$T = 23 + 13.55 = 36.55 \text{℃}$$

4.2.2 新型固化剂胶结分级尾砂充填升温计算

（1）一期充填热量 Q_1 计算：

充填体积：

$$V = 25 \times 4 \times 1.75 = 175 \text{m}^3$$

充填体干密度：

$$\rho_{(\text{干})} = 1.69 \times 10^3 \text{kg/m}^3$$

充填体干重：

$$M_1 = \rho V = 295.75 \times 10^3 \text{kg}$$

充填体中新型固化剂用量：

$$M_2 = M_1 \times 1/(1 + 6) = 42.25 \times 10^3 \text{kg}$$

充填体中新型固化剂放热：

$$Q_1 = M_2 \times 103 = 4.35 \times 10^6 \text{kJ}$$

（2）二期充填热量 Q_2 计算：

充填体积：

$$V = 25 \times 4 \times 1.75 = 175\text{m}^3$$

充填体干密度：

$$\rho_{(\text{干})} = 1.65 \times 10^3 \text{kg/m}^3$$

充填体干重：

$$M_1 = \rho_{(\text{干})} V = 288.75 \times 10^3 \text{kg}$$

充填体中新型固化剂用量：

$$M_2 = M_1 \times 1/(1 + 12) = 22.21 \times 10^3 \text{kg}$$

充填体中新型固化剂放热：

$$Q_1 = M_2 \times 103 = 2.29 \times 10^6 \text{kJ}$$

（3）总热量

$$Q_{\text{总}} = Q_1 + Q_2 = 6.64 \times 10^6 \text{kJ}$$

（4）胶结充填后排水质量计算：

一期排水：

充填体干重：

$$M_1 = \rho_{(\text{干})} V = 295.75 \times 10^3 \text{kg}$$

充填体总重：

$$M_t = \rho_{(\text{湿})} V = 372.75 \times 10^3 \text{kg}$$

按70%浓度充填，原始总重：

$$M_0 = 295.75 \times 10^3/0.7 = 422.5 \times 10^3 \text{kg}$$

一期排水重：

$$M_s = M_0 - M_t = 49.75 \times 10^3 \text{kg}$$

二期排水：

充填体干重：

$$M_1 = \rho_{(\text{干})} V = 288.75 \times 10^3 \text{kg}$$

充填体总重：

$$M_t = \rho_{(\text{湿})} V = 372.75 \times 10^3 \text{kg}$$

按70%浓度充填，原始总重：

$$M_0 = 288.75 \times 10^3/0.7 = 412.5 \times 10^3 \text{kg}$$

二期排水重：

$$M_x = M_0 - M_t = 39.75 \times 10^3 \text{kg}$$

总的排水量为：

$$M_w = M_x + M_s = 89.5 \times 10^3 \text{kg}$$

（5）巷道空气质量计算：

$$V_a = 3 \times 4 \times 3.5 = 42\text{m}^3$$

$$M_a = 1.29 \times 42 = 54.18\text{kg}$$

（6）温升计算：

$$Q_\text{总} = C \cdot m \cdot \Delta t = (C_\text{尾砂} V + C_\text{水} M_\text{w} + C_\text{空气} M_\text{a}) \Delta t$$

将上述一些参数代入上式中：

可算出：

$$\Delta t = 6.16℃$$

则固化剂充填巷道中，井下温度将变至

$$T = 23 + 6.16 = 29.16℃$$

4.3 本章小结

（1）水化热试验结果表明，同等试验条件下，新型固化剂水化热值低于42.5级水泥，其原因为新型固化剂中水化热值较高的水泥熟料所占比例小；

（2）热力学计算结果表明，充填空间为 25×4×3.5m³，采用水泥胶结尾砂充填，导致充填区域温度提升 13℃，而新型固化剂胶结尾砂充填，充填区域温度仅提升 6℃。因此，采用新型固化剂胶结尾砂充填将有利于改善作业环境，提高工作效率。

（3）通过前述室内试验结果对比来看，采用配合比为 1∶6 的新型固化剂胶结分级尾砂充填浆体替代配合比为 1∶4 的水泥胶结分级尾砂充填浆体，同时采用配合比为 1∶12 的新型固化剂胶结分级尾砂充填浆体替代配合比为 1∶8 的水泥胶结分级尾砂充填浆体，在充填体的强度，充填浆体的流动度、泌水性、水热化等技术指标上具有优势，新型固化剂的用量仅为水泥用量的 70%。

（4）从环境保护的角度看，水泥作为国家经济发展的基础建材产品，也是能源消耗最高的产品，同时也是二氧化碳排放大户，每生产 1t 水泥就会排放 1t二氧化碳，截止到 2010 年，水泥行业累计排放二氧化碳将达 75 亿吨。对环境影响之大，无法估量。我们面临的现状是：一方面，国家的基础建设需要大量的水泥，而水泥的生产需要消耗大量的原生资源和能源，并排出大量的温室气体和其他有害物质污染环境。另一方面，新型固化剂的主要原材料为各类型工业废渣（矿渣、钢渣、粉煤灰等），属于固体废物的资源化利用，其生产工艺变传统水泥生产的"两磨一烧"为"一磨"，生产过程没有煅烧工艺，从而减少了能源使用，并避免了温室气体的排放；若新型固化剂可以替代水泥从而减少水泥的产量，就可以进一步减少在生产水泥时的环境污染和不可再生资源的浪费。

第一部分　室内试验

⑤　固化剂胶结尾砂充填体强度试验

5.1　固化剂胶结尾砂充填体强度试验

5.1.1　试验目的

某铜矿北矿带现采用下向分层胶结充填法回采矿体。回采矿体时，为保障矿山开采的安全作业，要求充填体具有良好的力学性能，所以，开展固化剂胶结尾砂充填体强度特性的研究具有极其重要的意义。相关研究表明，当掺入水量大于胶凝材料水化反应所需水量时，胶凝材料的水化反应将会被抑制，导致水化程度降低，并且多余水分的蒸发会导致胶结后的充填体内部形成毛细孔，从而降低充填体的最终强度。因此，我们通过室内试验的方法分析固化剂胶结尾砂充填浆体在水中的浸泡时间对充填体抗压强度的影响，从而确定充填过程中比较合理的排水时间。

5.1.2　试验方案

通过前期的固化剂替代水泥的胶结充填体室内试验结果，确定在试验采场回采分条分三期充填，前两期分别采用配合比为 1：6 和 1：12 的固化剂胶结分级尾砂充填，浆体浓度为 70%，第三期用全尾砂充填至接顶。正常情况下，一期充填时间需要 3h，之后沉淀 3h 后排水。二期充填时间为 2h，不沉淀排水。三期充填时间约 1h。

因沉淀排水的要求，充填浆体必须在水中浸泡一段时间，这将会导致固化剂在早期水化反应中水胶比过大，影响后期胶结充填体的强度。为了研究固化剂胶结分级尾砂充填浆体在水中浸泡条件下，浸泡时间的变化对固化剂胶结分级尾砂充填体单轴抗压强度的影响，本次室内试验分别制备了配合比为 1：6 和 1：12 的固化剂胶结充填浆体试件，分析比较了不同浸水时间及不同养护时间条件下充填体试件的单轴抗压强度。配合比为 1∶6 的固化剂胶结尾砂充填体的浸水时间分别为 0.5h、1h、2h、3h、6h 和 9h，配合比为 1∶12 的固化剂胶结尾砂充填体的浸水时间分别为 0.5h、1h、2h、3h 和 6h，在标准养护条件下的养护时间均为 3d、7d、14d、28d、60d 和 90d，以上试验结果与不同龄期的配合比为 1∶4 和 1∶8 的水泥胶结尾砂充填体单轴抗压强度进行对比。考虑到试验采场转层时间大约为 3 个月，当上层充填体暴露作为下层顶板时，变形受力将会更大，所以主要测试养护时间为 60d 和 90d 的试件的强度。充填体单轴抗压强度试验的试件数统计分别见表 5-1 和表 5-2。

表 5-1　42.5 级水泥胶结尾砂充填体统计

充填材料	配合比	R3/个	R7/个	R14/个	R28/个	R60/个	R90/个
42.5 级水泥	1∶4	3	3	3	3	6	6
胶结尾砂充填体	1∶8	3	3	3	3	6	6

表 5-2　固化剂胶结尾砂充填体统计

充填材料	配合比	浸水时间/h	R3/个	R7/个	R14/个	R28/个	R60/个	R90/个
固化剂胶结尾砂充填体	1∶6	0.5	3	3	3	3	6	6
		1	3	3	3	3		
		2	3	3	3	3		
		3	3	3	3	3		
		6	3	3	3	3		
		9	3	3	3	3		
	1∶12	0.5	3	3	3	3	6	6
		1	3	3	3	3		
		2	3	3	3	3		
		3	3	3	3	3		
		6	3	3	3	3		

5.1.3　试件制备及养护

5.1.3.1　试验材料

尾砂：取自该铜矿尾矿坝的分级尾砂；
胶凝材料：42.5 级水泥和固化剂。

5.1.3.2　试验配合比及浓度计算方法

（1）配合比＝胶凝材料质量∶尾砂质量。试验中固化剂胶结尾砂充填体采用的配合比为1∶6和1∶12，而水泥胶结尾砂充填体采用原有工程应用的配合比1∶4和1∶8，其中1∶4与1∶6的充填体在本次试验中简称高配合比，1∶8与1∶12的充填体简称低配合比。

（2）尾砂胶结充填浆体浓度计算方法：

　　浆体浓度＝［（尾砂质量+胶凝材料质量）/浆体总重量］×100%；

本次试验制备的浆体浓度为70%。

5.1.3.3　试件制作及养护设备

主要的仪器设备及工具包括：

多功能手动液压脱模机、千斤顶、水泥混凝土恒温湿标准养护箱、试件制作所用的模具、电子秤、搅动棒、搅拌桶、刮刀、泥刀等。

5.1.3.4　尾砂含水率测定

在制备试件前均需测定尾砂的含水率，以减少尾砂中含水量对充填体浆体浓度的影响。根据《土工试验规程》（SL2371999）称取有代表性分级尾砂30g，放入称量盒内，立即盖上盒盖，称量。揭开盒盖，将试样和盒放入烘箱，在烘箱温度105~110℃的情况下，烘干至恒重，测定其含水率。分级尾砂的含水率测量结果见表5-3。在后期配制充填体浆体浓度时，根据尾砂含水率情况，扣除尾砂中原有的含水量。

表 5-3　分级尾砂含水率

分级尾砂	烘干前质量/g	烘干后质量/g	含水率/%
分级尾砂	30	29.58	1.41
分级尾砂	30	29.49	1.72
平均值	30	29.54	1.57

5.1.3.5　试件制作及养护过程

（1）尾砂运回实验室后，测定尾砂的含水率，根据尾砂的含水率数据计算拌料时所需要的用水量，再根据具体配合比计算出各种材料的用量，包括固化剂、42.5级水泥和分级尾砂；

（2）根据《建筑砂浆基本性能试验方法标准 JGJ/T 70—2009》的要求，立方体抗压强度试验试件尺寸为70.7mm×70.7mm×70.7mm。

试模内涂刷层机油或脱模剂。

（3）按照要求的配合比，用电子秤分别称取尾砂、胶凝材料以及所需水的重量。

（4）将试验用水的温度调至 23~25℃（若室温较低水温可适当高些），然后把称好的固化剂加入水中，并充分搅拌至均匀，特别注意底部不能有聚集的胶凝材料。

（5）倒入称好的尾砂充分均匀搅拌约 8min 后，浆体制作完成，即可注入预先备好的模具中进行试件制作。

（6）注入模具的详细流程：将充填体一次装满试模，用钢筋捣棒均匀由边缘向中心按螺旋方式插捣 25 次，插捣过程中若充填体沉落低于试模口，应随时添加充填体，并用手将试模一边抬高 5~10mm 各振动 5 次，使充填体高出试模顶面 6~8mm。待表面水分稍干后，将高出试模部分的砂浆沿试模顶面刮去并抹平。

（7）试件制作后在室温下静置 24h，然后拆模，拆模后立即放入标准养护箱进行养护。养护箱内的温度严格控制在（20±2）℃，湿度控制在 95%，试件养护期间，养护箱严格按照规定条件执行，试验人员每天往养护箱内注水，以确保养护箱内的湿度。

（8）待试件养护到试验要求的龄期后，在 RMT-150C 岩石力学试验机上进行充填体试件的单轴抗压强度试验。试件制备及养护过程见图 5-1~图 5-5。

图 5-1　搅拌充填浆体

图 5-2　浇筑试件

图 5-3　未脱模试件

图 5-4　成型试件

5.1.4　单轴抗压强度试验

5.1.4.1　试验原理

充填体的抗压强度试验方法的基本原理是在试件端面施加单轴压力作用并测得试件所能抵抗破坏时的极限压力值，其试验原理如图 5-6 所示，根据《建筑砂浆基本性能试验方法标准 JGJ/T 70—2009》的要求，立方体抗压强度试验采用试件尺寸为 70.7mm×70.7mm×70.7mm。

图 5-5　养护试件

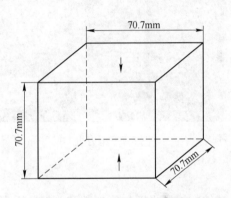

图 5-6　单轴抗压试验原理示意图

5.1.4.2　试验仪器

试验所用 RMT-150C 岩石力学试验系统是一种数字控制的电液伺服试验机，如图 5-7 所示。该试验机垂直最大加载力为 1000kN，机架刚度 $5×10^6 N/mm$，是专为岩石和混凝土等材料的力学性能试验而设计的，具有操作方便、控制性能好、自动化程度高等优点。该系统具有位移控制、行程控制与载荷控制三种加载控制方式可供选择，加载速率均匀和测试精度高。该系统充分利用了轴向位移控制与横向位移控制各自的优点，更好地控制了试样的破坏过程，可动态跟踪试验过程中的试样的瞬时荷载、应力、位移和应变值，并可实时绘制应力-应变、荷载-位移曲线等，因此在本次试验中选用该试验系统。

5.1.4.3　试验步骤

（1）取出试件，将试件表面擦拭干净，测量试件的尺寸；

（2）以充填体试件的个端面作为加载面，并将试件置于压力机压头上，随后调整其位置，使试件轴心对准试验机上、下压头的轴心；

（3）采用力加载的方式，加载速度 0.5kN/s，直至试件破坏为止，并记录最大破坏荷载及观察加载过程中出现的现象。

5.1.4.4　试验数据计算与整理

单个试件的抗压强度，单轴抗压试验见图 5-8。

图 5-7　压力机　　　　　　　　　　　图 5-8　单轴抗压试验

试件的抗压强度与施加荷载 p 的关系由下式表示：

$$\sigma_c = p/A \tag{5-1}$$

式中　σ_c——充填体试件抗压强度，MPa；

　　　p——充填体试件破坏时所施加的最大荷载，N；

　　　A——充填体试件截面面积，mm^2。

以三个试件测值的算术平均值的 1.3 倍作为该组试件的抗压强度平均值（精确到 0.001MPa）。

5.1.4.5　试件破坏过程分析

由图 5-9 应力-应变曲线分析可知，充填体抗压强度的破坏大致可以分为五个阶段。

（1）压紧密实阶段，该段曲线斜率逐渐增大，曲线下凹，在这个过程中，充填体对围岩和顶板的作用为"被动支撑"，它是靠围岩和顶板的变形来实现的。

（2）线弹性阶段，此阶段充填体的应力-应变曲线近似为直线段，充填体内原生裂纹逐渐压密，新的裂纹尚未产生。充填体对围岩的作用较大，能很好地控

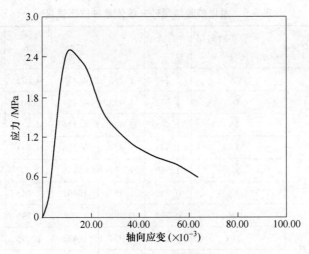

图 5-9　应力-应变曲线

制围岩的移动变形、顶板的下沉。

（3）塑性变形阶段，本阶段应力-应变曲线开始上凸下弯直至水平，达到应力和荷载的峰值，新的裂纹产生，原生裂纹进一步扩展。

（4）裂纹贯通、破坏阶段，这一阶段充填体内部已受到一定程度的破坏，宏观上出现明显的裂纹扩展、分叉、绕行、沟通，小裂纹融入大裂纹，从而形成不同走向的主导裂纹，主导裂纹的不断发展最终导致充填体破坏。

（5）残余变形阶段，在这一阶段充填体虽然已经破坏，但它不是完全失去承载能力，仍然保持一定的残余承载能力。

5.1.4.6　抗压试验结果及分析

试验结果：水泥胶结尾砂充填体单轴抗压强度见表 5-4。固化剂胶结尾砂充填体单轴抗压强度见表 5-5。

表 5-4　水泥胶结尾砂充填体单轴抗压强度　（MPa）

充填材料	养护时间/d 配合比	3	7	14	28	60	90
水泥胶结尾砂充填体	1:4	1.368	2.491	4.247	4.398	4.682	5.733
	1:8	0.649	0.931	1.301	1.571	2.016	2.874

从图 5-10 不同龄期的 1:6 固化剂胶结尾砂充填体浸水时间与抗压强度的关系可以得出：龄期为 3d 的试件中，浸水时间在 0.5~6h 的充填体抗压强度较为稳定，其中浸水时间 2h 时，充填体的单轴抗压强度达到最大值；龄期为 7d 的试件中，不同的浸水时间对应的抗压强度有较大差异，其中浸水时间为 2h 对应的

表 5-5　固化剂胶结尾砂充填体单轴抗压强度　　　　　　　　（MPa）

充填材料	配合比	养护时间/d 浸水时间/h	3	7	14	28	60	90
固化剂胶结 尾砂充填体	1∶6	0.5	1.348	2.283	4.238	4.673	5.012	5.922
		1	1.372	1.933	4.454	4.704		
		2	1.403	2.525	4.514	4.741		
		3	1.395	1.822	3.216	4.141		
		6	1.389	1.131	1.986	3.877		
		9	0.787	1.757	1.491	2.645		
	1∶12	0.5	0.799	0.892	1.408	1.796	2.278	3.003
		1	0.806	0.924	1.422	1.695		
		2	0.829	1.135	1.544	1.889		
		3	0.672	0.887	1.013	1.619		
		6	0.663	0.891	0.908	1.439		

充填体单轴抗压强度达到最大；龄期为 14d 的试件中，浸水时间在 0.5～2h 范围内，充填体抗压强度稳定增长，差别不大，但是浸水时间 2h 达到最大抗压强度，随后强度逐渐降低；龄期为 28d 的试件中，浸水时间在 0.5～2h 内抗压强度变化不大，2h 后抗压强度逐渐降低。

综合不同龄期的 1∶6 固化剂胶结尾砂充填体单轴抗压强度可以看出，浸水时间在 0.5～2h 范围内时，充填体在不同龄期下的单轴抗压强度发展比较稳定，其中，浸水时间在 2h 的充填体单轴抗压强度达到最大值。浸水时间在 3～9h 范围时，浸水时间越长，不同养护时间下的充填体的单轴抗压强度逐渐减小。

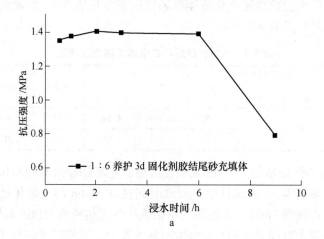

a

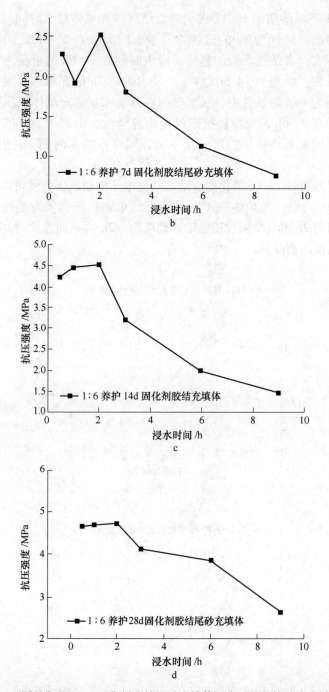

图 5-10　不同龄期的 1∶6 固化剂胶结尾砂充填体浸水时间与抗压强度关系曲线

a—1∶6 养护 3d 固化剂胶结尾砂充填体；b—1∶6 养护 7d 固化剂胶结尾砂充填体；
c—1∶6 养护 14d 固化剂胶结尾砂充填体；d—1∶6 养护 28d 固化剂胶结尾砂充填体

从图 5-11 不同龄期的 1∶12 固化剂胶结尾砂充填体浸水时间与单轴抗压强度关系曲线得出：龄期为 3d 的试件中，浸水时间在 0.5～2h 之间，充填体抗压强度相差不大，有缓慢增长的趋势，浸水时间在 3～6h 的情况下，充填体抗压强度下降较快；龄期为 7d 的试件中，浸水时间 2h 的充填体单轴抗压强度达到最大；龄期为 14d 的试件中，浸水时间在 0.5～2h 的充填体抗压强度稳步增长，浸水时间在 3～6h 的充填体抗压强度快速降低；龄期为 28d 的试件中，不同浸水时间下的充填体抗压强度变化不大，同样在浸水时间 2h 的情况下，抗压强度较大。

综合不同龄期的 1∶12 固化剂胶结尾砂充填体单轴抗压强度可以看出，浸水时间为 0.5～2h 内时，充填体在不同龄期下的单轴抗压强度发展比较稳定，其中，浸水时间为 2h 时其单轴抗压强度达到峰值，2h 后不同养护时间下的充填体的单轴抗压强度逐渐降低。

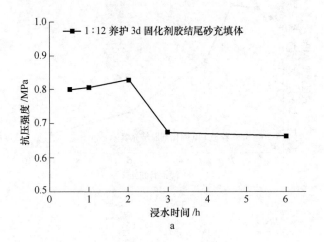

a

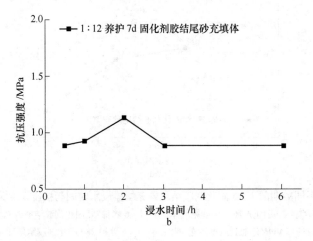

b

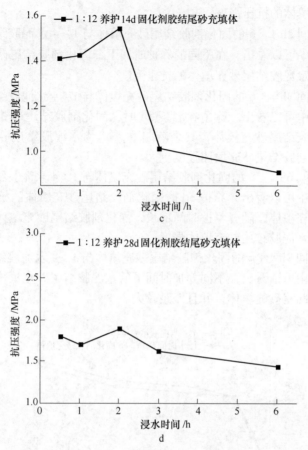

图 5-11 不同龄期的 1∶12 固化剂胶结尾砂充填体浸水时间与抗压强度关系曲线

a—1∶12 养护 3d 固化剂胶结尾砂充填体；b—1∶12 养护 7d 固化剂胶结尾砂充填体；
c—1∶12 养护 14d 固化剂胶结尾砂充填体；d—1∶12 养护 28d 固化剂胶结尾砂充填体

图 5-12 为不同浸水时间的 1∶6 固化剂胶结尾砂充填体与 1∶4 水泥胶结尾砂充填体的单轴抗压强度对比关系。从图中可看出，随着龄期的增长，不论固化剂胶结尾砂充填体还是水泥胶结尾砂充填体，其抗压强度都随养护时间的增加而逐渐增大。

从浸水时间 0.5h 的 1∶6 固化剂胶结尾砂充填体与 1∶4 水泥胶结尾砂充填体的对比曲线中可以看出，养护龄期 3~14d 范围内，固化剂胶结尾砂充填体的强度略低于水泥胶结尾砂充填体，但差别较小，养护 14d 以后，固化剂胶结尾砂充填体的抗压强度逐渐高于水泥胶结尾砂充填体。

从浸水时间 1h 1∶6 的固化剂胶结尾砂充填体与 1∶4 水泥胶结尾砂充填体的强度对比曲线中可以看出，养护龄期在 7d 时，固化剂胶结尾砂充填体的强度低于水泥胶结尾砂充填体，养护 14d 后，固化剂胶结尾砂充填体的抗压强度高于水泥胶结尾砂充填体的抗压强度。

从浸水时间 2h 1∶6 的固化剂胶结尾砂充填体与 1∶4 水泥胶结尾砂充填体的强度对比曲线中可以看出，在不同的养护时间下，固化剂胶结尾砂充填体的抗压强度始终高于水泥胶结尾砂充填体的抗压强度。

从浸水时间 3h 1∶6 的固化剂胶结尾砂充填体与 1∶4 水泥胶结尾砂充填体的强度对比曲线中可以看出，除了在养护 3d 时，固化剂胶结尾砂充填体的抗压强度略高于水泥胶结尾砂充填体，其余龄期下，1∶4 水泥胶结尾砂充填体的抗压强度都比固化剂胶结尾砂充填体强度更大。

从浸水时间 6h 1∶6 的固化剂胶结尾砂充填体与 1∶4 水泥胶结尾砂充填体的强度对比曲线中可以看出，养护 3d 时固化剂胶结尾砂充填体的抗压强度略大于水泥胶结尾砂充填体，随着养护时间增长，固化剂胶结尾砂充填体的抗压强度也将低于同期的水泥胶结尾砂充填体强度。

从浸水时间 9h 1∶6 的固化剂胶结尾砂充填体与 1∶4 水泥胶结尾砂充填体的强度对比曲线中可以看出，不同养护时间下的水泥胶结尾砂充填体的抗压强度都高于固化剂胶结尾砂充填体，并且差距较大。

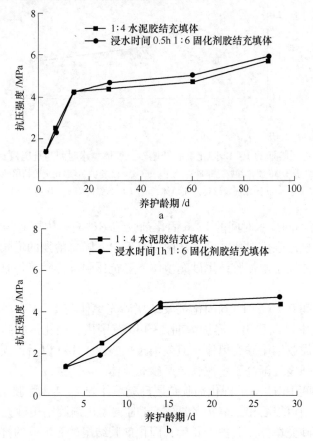

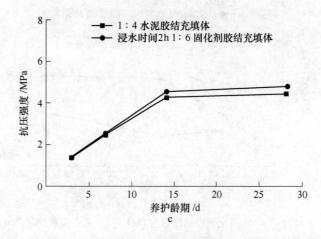

c

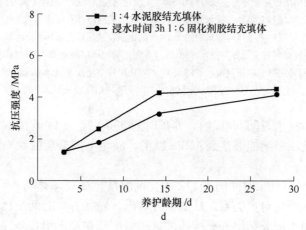

d

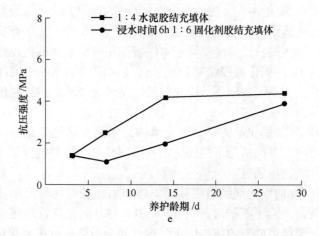

e

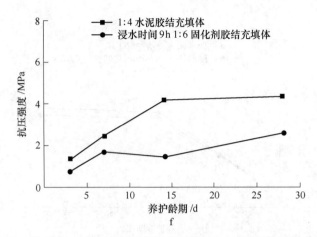

图 5-12　不同浸水时间的 1∶6 固化剂胶结尾砂充填体与 1∶4 水泥胶结尾砂充填体强度对比
a—1∶4 水泥胶结尾砂充填体与浸水时间 0.5h1∶6 固化剂胶结尾砂充填体不同龄期下强度对比；
b—1∶4 水泥胶结尾砂充填体与浸水时间 1h1∶6 固化剂胶结尾砂充填体不同龄期下强度对比；
c—1∶4 水泥胶结尾砂充填体与浸水时间 2h1∶6 固化剂胶结尾砂充填体不同龄期下强度对比；
d—1∶4 水泥胶结尾砂充填体与浸水时间 3h1∶6 固化剂胶结尾砂充填体不同龄期下强度对；
e—1∶4 水泥胶结尾砂充填体与浸水时间 6h1∶6 固化剂胶结尾砂充填体不同龄期下强度对比；
f—1∶4 水泥胶结尾砂充填体与浸水时间 9h1∶6 固化剂胶结尾砂充填体不同龄期下强度对比

　　总体来看，浸水时间 6h 以内，养护时间 30d 以上，1∶6 的固化剂胶结尾砂充填体的单轴抗压强度能够达到 4MPa 以上，满足下向分层胶结充填开采顶板稳定性的要求。

　　图 5-13 为不同浸水时间的 1∶12 固化剂胶结尾砂充填体与 1∶8 水泥胶结尾砂充填体的抗压强度对比关系。从图中可看出，随着养护时间的增加，固化剂胶结尾砂充填体和水泥胶结尾砂充填体的抗压强度都在稳定增长。

　　从浸水时间 0.5h 的 1∶12 固化剂胶结尾砂充填体与 1∶8 水泥胶结尾砂充填体抗压强度对比曲线中可以看出，除了养护时间为 7d 外，其余养护龄期下，固化剂胶结尾砂充填体的抗压强度都高于水泥胶结尾砂充填体的抗压强度。

　　从浸水时间 1h 的固化剂胶结尾砂充填体与水泥胶结尾砂充填体抗压强度对比曲线中可以看出，不同龄期下的固化剂胶结尾砂充填体的抗压强度都高于水泥胶结尾砂充填体的抗压强度。

　　从浸水时间 2h 的固化剂胶结尾砂充填体与水泥胶结尾砂充填体抗压强度对比曲线中可以看出，不同龄期下的固化剂胶结尾砂充填体的抗压强度都高于水泥胶结尾砂充填体的抗压强度。

　　从浸水时间 3h 的固化剂胶结尾砂充填体与水泥胶结尾砂充填体抗压强度对比曲线中可以看出，除了养护时间为 3d 和 28d 时，固化剂胶结尾砂充填体的抗压强度高于水泥胶结尾砂充填体的抗压强度，其余龄期下，水泥胶结尾砂充填体的抗压强度较固化剂胶结尾砂充填体高。

从浸水时间 6h 的固化剂胶结尾砂充填体与水泥胶结尾砂充填体抗压强度对比曲线中可以看出，养护时间为 3d 时，固化剂胶结尾砂充填体的抗压强度高于水泥胶结尾砂充填体的抗压强度，其余龄期下，固化剂胶结尾砂充填体的抗压强度低于水泥胶结尾砂充填体的抗压强度。

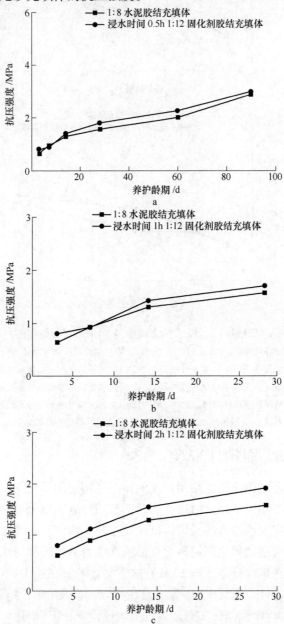

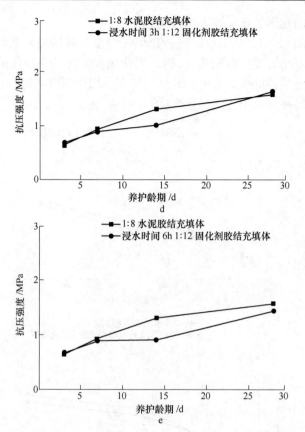

图 5-13　不同浸水时间的 1∶12 胶结充填体与 1∶8 水泥胶结尾砂充填体强度对比

a—1∶8 水泥胶结尾砂充填体与浸水时间 0.5h1∶12 固化剂胶结尾砂充填体不同龄期下强度对比；

b—1∶8 水泥胶结尾砂充填体与浸水时间 1h1∶12 固化剂胶结尾砂充填体不同龄期下强度对比；

c—1∶8 水泥胶结尾砂充填体与浸水时间 2h1∶12 固化剂胶结尾砂充填体不同龄期下强度对比；

d—1∶8 水泥胶结尾砂充填体与浸水时间 3h1∶12 固化剂胶结尾砂充填体不同龄期下强度对比；

e—1∶8 水泥胶结尾砂充填体与浸水时间 6h1∶12 固化剂胶结尾砂充填体不同龄期下强度对比

5.2　充填体强度现场取样试验

　　室内试验测定的固化剂胶结尾砂充填体与现场应用固化剂胶结尾砂充填体在养护条件上略有不同，所以，通过在固化剂胶结尾砂充填分条进行现场取件，测得其抗压强度，将现场取得的充填体抗压强度与室内试验充填体的抗压强度进行对比，判断现场应用的固化剂尾砂充填体强度能否满足工程应用的要求。

　　本试验采用在试验分条预埋 PVC 管的方案，若要获得 1∶6 和 1∶12 的固化剂胶结尾砂现场试件，需将 PVC 管埋设在相应的高度范围内。因此在一期充填范围内埋设 6 个 PVC 管，在二期充填范围内埋设 3 个 PVC 管。PVC 管的直径为76mm，高度为 152mm。一期充填采用 1∶6 的固化剂胶结尾砂，充填至进路断面高度的一半；二期充填采用 1∶12 的固化剂胶结尾砂，充填剩余的 1/2；三期采用全尾砂充填接顶。

本次试验在第一试验分层的 4′回采分条进行，回采断面为 4.0m×3.5m（宽×高）。相应的一期充填的范围在 0~1.75m 内，二期充填范围在 1.75~3.5m。所以，此次试验将 6 个 PVC 管埋设在高度 0~1.75m 范围内，将 3 个 PVC 管埋设在 1.75~3.5m 范围内。PVC 管具体埋设位置见图 5-14。

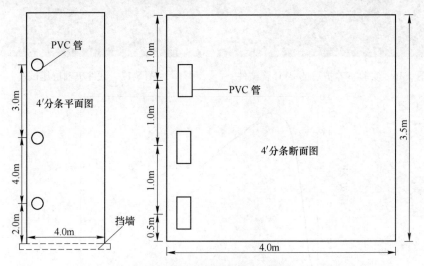

图 5-14　PVC 管埋设位置示意图

从图 5-14 可以看出，在距离挡墙 2m、6m 和 9m 的位置处，有三列共 9 个 PVC 管埋设点，各 PVC 管垂直方向的距离分别为 0.5m、1.0m 和 1.0m，其中上层三个 PVC 管现场取样 1∶12 的固化剂胶结尾砂充填体，下两层取样 1∶6 固化剂胶结尾砂充填体。

将 PVC 管用尼龙绳固定在相应埋设点后，4′分条开始充填。充填结束直到回采 4′分条相邻的 5′分条时，在回采 5′分条的过程中，取出在 4′分条埋设的 PVC 管，如图 5-15 所示。随后将充满充填体的 PVC 管带回实验室进行养护，养护的湿度和温度尽量与井下的条件保持一致，养护 28d 后（见图 5-16），将 PVC 管试件进行脱模、切割、打磨和加工，进行充填体的单轴抗压试验，试验及结果分别见图 5-17 和图 5-18。

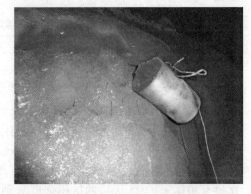

图 5-15　现场取出的 PVC 管试件

图 5-16　实验室养护后的 PVC 管试件　　　图 5-17　试件单轴抗压试验

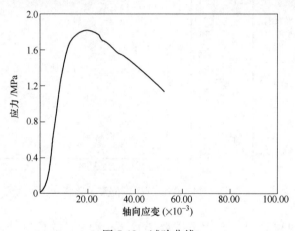

图 5-18　试验曲线

表 5-6 为现场取件的固化剂胶结尾砂充填体与水泥胶结尾砂充填体单轴抗压强度对比。

表 5-6　现场取件固化剂胶结尾砂充填体与水泥胶结尾砂充填体抗压强度对比

现场取件充填体	强度/MPa	水泥胶结尾砂充填体	强度/MPa
1∶6	4.546	1∶4	4.398
1∶12	1.604	1∶8	1.571

由于现场获取的固化剂胶结尾砂充填体试件，养护时间包括井下该分条充填后至相邻分条开采的时间，在这段时间内，试件的养护条件与实验室的水泥胶结尾砂充填体试件略有不同，导致其抗压强度也会有所不同，所以测得的最终抗压强度也会有所不同。从试验结果来看，现场获取的 1∶6 和 1∶12 的固化剂胶结尾砂充填体养护 28 天后的抗压强度分别与 1∶4 和 1∶8 的水泥胶结尾砂充填体的抗压强度比较接近，由此可知，固化剂胶结尾砂充填体在现场应用中强度能够满足充填要求。

5.3 分层离析情况

在充填浆体的制备过程中，实际用水量会比固化剂水化反应所需的用水量多。若固化剂的泌水性较大，则表明充填浆体中的固化剂比较容易析出，将导致充填体分层离析，影响固化剂胶结尾砂充填体的均匀性，使得固化剂和尾砂之间形成较大的空隙，导致固化剂胶结尾砂充填体的整体强度降低，影响生产安全。室内试验的结果已经表明：固化剂胶结尾砂充填浆体的泌水量小于水泥胶结尾砂充填浆体，也就是说固化剂胶结尾砂充填浆体的泌水性好于 42.5 级水泥胶结尾砂充填浆体。

为了进一步观测现场的固化剂胶结尾砂充填体的分层离析情况，在第一试验分层的 4′ 分条回采结束后，我们观测了与 4′ 分条相邻的已充填完毕的 3′ 分条固化剂胶结尾砂充填体的分层离析情况。回采分条平面图见图 5-19。3′ 分条的固化剂胶结尾砂充填体分层离析情况如图 5-20 所示，从图 5-20 中可以看出，不论是 1∶6 的固化剂胶结尾砂充填体还是 1∶12 的固化剂胶结尾砂充填体，充填体的均匀性都较好，没有出现明显的分层离析现象。

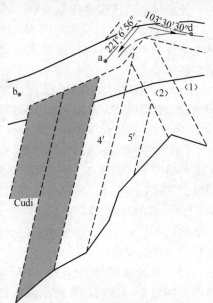

图 5-19　第一试验分层部分
回采分条平面图

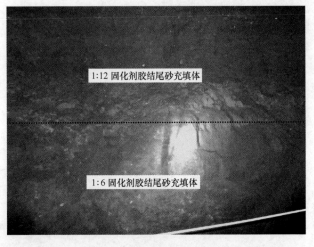

图 5-20　3′ 分条固化剂胶结尾砂充填体分层离析情况

5.4　本章小结

（1）综合不同龄期的 1∶6 固化剂胶结尾砂充填体的单轴抗压强度可以看出，浸水时间在 0.5~2h 范围内时，不同龄期下的充填体的抗压强度比较稳定，其中，浸水时间在 2h 的充填体单轴抗压强度达到最大值。浸水时间在 3~9h 范围时，充填体的抗压强度逐渐减小。

（2）总体来看，浸水时间 6h 以内，养护时间 30d 以上，1∶6 固化剂胶结尾砂充填体的单轴抗压强度能够达到 4MPa 以上，满足下向分层胶结充填开采顶板稳定性的要求。

（3）从不同龄期的 1∶12 固化剂胶结尾砂充填体的单轴抗压强度可以看出，浸水时间在 0.5~2h 范围内，不同龄期下的充填体抗压强度比较稳定，浸水时间在 2h 时抗压强度达到峰值，2h 后抗压强度随时间的增加而逐渐降低。

（4）通过室内试验结果，结合现场充填实际情况分析得出：在充填时间 3h 不变的情况下，对于 1∶6 的固化剂胶结尾砂充填体来说，一期沉降排水时间从目前的 3h 缩短到 2h，能够保证固化剂胶结尾砂充填体的早龄期强度。浸水时间 6h 以内，养护时间 30d 以上的 1∶6 固化剂胶结尾砂充填体试件的单轴抗压强度能够达到 4MPa 以上，作为承载层（人工顶板）可以满足下向分层胶结充填开采顶板稳定性的要求。

（5）现场获取的 1∶6 和 1∶12 的固化剂胶结尾砂充填体养护 28 天后的抗压强度分别与 1∶4 和 1∶8 的水泥胶结尾砂充填体的抗压强度比较接近，由此可知，固化剂胶结尾砂充填体在现场应用中强度能够满足充填要求。

充填挡墙试验

6.1 试验目的及意义

使用尾砂胶结充填法的矿山，一般充填挡墙的设置是采空区充填前必须完成的一项重要工作。充填挡墙任何形式的破坏及充填浆体的泄漏，可能会导致生产安全事故的发生。由于缺乏理论和实践依据，充填过程中曾发生过墙体整体倒塌事故，所幸未造成人员伤亡。现有的充填挡墙工艺参数已经满足水泥胶结尾砂充填的要求，但是否适用于固化剂胶结尾砂充填仍未可知。

本章通过现场试验及理论计算，揭示固化剂胶结尾砂充填过程中充填挡墙受力变化规律，验证现有充填挡墙工艺参数是否满足固化剂胶结尾砂充填要求。

6.2 充填挡墙调研

正确合理的监测及分析充填挡墙上的受力状况，不仅对合理计算充填挡墙厚度大小，还对矿山安全生产及矿山充填作业有益，而且对降低矿山充填成本、提高矿山整体经济效益有利。通过现场对充填挡墙的调研，充填挡墙的优化需要考虑以下几个方面：

（1）充填挡墙受力太大而倒塌，不但大量充填浆体流失，还会造成人员伤亡、设备损坏、巷道堵塞，严重的还可能导致矿山停产；

（2）充填挡墙设置太厚，都会造成人力、物力上的浪费，同时还延时误工，影响井下的正常生产进度，降低劳动生产率。

由于充填挡墙在充填过程中所受到的侧向压力与一般的挡土墙受力有所区别，是一个动态的过程，随着充填高度的增加挡墙所受的侧向压力不断增大。通过理论分析和现场实践经验表明，充填挡墙所受侧向压力由三部分组成：一是充填浆体对挡墙的静压力；二是充填过程中充填浆体流动时对挡墙的动压力；三是胶结充填浆体经过沉降失水，由于固化剂的凝结固化对挡墙产生的膨胀力。由于浆体流动时对挡墙的冲击力和水泥凝结固化的膨胀力目前没有很好的理论计算公式，因此要想获得充填挡墙所受侧向压力的大小，最合理的方法是进行现场试验，监测整个充填过程中挡墙所受的侧向压力的变化情况。

目前井下采用的充填挡墙为混凝土浇灌充填板墙，故进行混凝土浇灌充填板墙现场试验。

胶结充填整体混凝土浇灌板墙堆砌施工标准：

（1）板墙的堆砌必须在矿岩性质稳固的采场进行，底部及两帮必须清理至硬岩，且底铺水泥砂浆，两帮前后喷浆长度各不得少于3m，厚度不得少于5mm。

（2）板墙墙形状不得出现外弧形，浇灌所使用的水泥标号不得小于42.5号，厚度不得少于300mm。

（3）板墙与两侧围岩（或充填体、老板墙）连接相交处，要求立模加固混凝土至一期液面高度2.65m，宽度600mm，厚度400mm。

（4）两端锚杆数量不得少于4根（间距1m），直径不得小于28mm，两端入窝深度不得少于800mm，入板墙内长度不得少于1m。板墙内配筋网度不得疏于400mm×400mm。用料螺纹钢直径不得小于12mm。

（5）堆砌在板墙顶部的空心砖层数不得多于2层（400mm），且四周之间用水泥敷设牢固，里外侧必须抹面。

（6）板墙堆砌必须捣鼓充分，不得有蜂窝，每加固300mm高度时，必须用振动棒捣实。堆砌完毕后养护时间不得少于36h。

（7）滤水预埋管最低一根（第一根）距离底板1.75m（设计巷道高度一般），第二根距离底板2.65m（一期观察孔），往上每隔200mm埋设一根，滤水管靠空区一侧用滤水布预先扎牢。

（8）当施工断面大于设计断面（4m×3.5m）时，堆砌板墙时，必须将板墙底部一半（1.75m，即第一期沉降高度）加厚300mm，即底部一半板墙厚度不得少于600mm。充填时，板墙必须有牢固的横撑与斜撑。除相关检查作业人员外，板墙附近不得有任何闲杂人员。

胶结充填整体混凝土浇灌板墙堆砌施工过程：

（1）立模前，清理干净底板，清至实底。对软矿或有裂隙采场，立模前要预喷浆，防止充填时跑浆。立模加固墙底部须布设钢筋网，网度为400mm×400mm。

（2）立模加固过程：首先在围岩（或原充填体）上用钻机施工加固锚杆眼（孔深不小于800mm），距底板高度500mm左右施工第一个孔，数量为两侧各三个（共6个），要求两侧锚杆眼能连接成线，在一个水平高度上，且第一个孔与第二、第三个孔高度相距1m左右，其次以加固锚杆眼为中心，距加固锚杆眼两侧各275mm左右位置用钻机施工固定模板锚杆眼（孔深不小于500mm），数量为两侧各三个（共6个），要求两侧锚杆眼能连接成线，在一个水平高度上，且第一个孔与第二、第三个孔高度相距1m左右。杆眼施工完毕后，用28号螺纹钢插入两侧锚杆眼中，两锚杆搭接长度不小于500mm，之后用U形卡锁死。锚杆安装完毕后，要求在立模墙内铺设竖筋，数量为3~4根，且竖筋、锚杆、钢筋网三者须连为一体，同时立模墙厚度必须保证300~500mm。

（3）锚杆施工完毕后，在固定模板锚杆两内侧用2.5cm模板、5cm模板立模，立模高度距顶板2层砖位置（400mm）。在施工立模时，要在两模板之间安装竖筋，数量不少于3根。

（4）模板和锚杆都施工完毕后，开始往模板内加固混凝土。每加固300mm高度混凝土时，必须用振动泵振动一次，加固时要预埋排水管。

（5）剩余空间（离顶板2层左右）用空心砖筑砌封顶。预留观察口尺寸为：400mm×200mm×200mm，空心砖墙面要抹浆，保证充填过程不跑浆。

（6）养护：立模墙养护24h后，拆除内模板，拆除后，检查两侧与围岩连接处，如存在空隙，必须用水泥砂浆抹浆堵塞，才允许充填。立模墙施工完毕后，必须养护36h才允许充填。

（7）立模前要打好斜撑，充填结束后，方能拆除外模板。

6.3 充填混凝土挡墙现场试验

6.3.1 试验内容

挡墙试验选择在北矿带-310m中段E4盘区第一试验分层4′回采分条进行，见图6-1。此分条长度为27m左右，充填挡墙宽为4m，高为3.5m。根据现场实际情况，结合充填挡墙侧向压力分布形式，试验采用沿充填挡墙竖向和横向布置9个压力盒的方案，对充填挡墙的侧向压力分布进行现场监测。

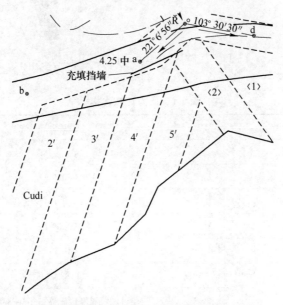

图6-1 挡墙试验4′分条平面图

挡墙试验采用TYJ-200型系列振弦式土压力计，见图6-2，主要用于测量建筑基础、隧道、土石坝、边坡等结构的边界土体压应力，能够有效测量出被测物体结构内部土压力变化量。TYJ-200 型系列振弦式土压力计外壳部分由高强度碳素钢制成，主要有背板、感应膜、钢弦、电磁感应线圈组成。当被测结构物内部土应力发生变化时，土压力计感应膜同步感受应力的变化，感应膜会产生形变，从而改变钢弦的振动频率。读数仪通过电磁感应线圈激振钢弦，从而测得其振动频率。通过计算钢弦频率的变化，即可测出被测结构物的土压应力值。土压力计具有结构简单、坚固耐用、防水性能好、灵敏度高等特点，技术参数见表 6-1。

图 6-2　TYJ-200 型系列振弦式土压力计

表 6-1　压力计技术指标

产品型号	TYJ-200
测量范围	
分辨力	≤0.08%FS
非线性	≤1.20%FS
综合误差	≤2.00%FS
产品规格	0.2
外形尺寸/mm	外径：118；高度：23
温度/℃	可加装温度传感器，−20～+60

$$p = K(f_i^2 - f_0^2) + b(T_i - T_0) \tag{6-1}$$

式中　p——作用在传感器上的物理量，MPa；

   K——率定系数；

   f_0——初始读数或零读数，一般为安装前获得，Hz；

   f_i——当前读数，Hz；

   b——传感器的温度修正系数，MPa／℃；

   T_i——当前温度，℃；

   T_0——初始温度，℃。

通常情况下，由于温度对振弦式传感器影响很小，可不予修正。

本试验除了利用压力计以外，为了将试验结果转变为可读取的数据，专门针对 TYJ-200 型系列振弦式土压力计配备了 BK-1001 型智能读数仪来读取试验结果数据，仪器见图 6-3。BK-1001 型智能读数仪用于传感器信号的现场测量，目前广泛用于工程上测量振弦式变形传感器的谐振频率和温度，可直接显示读书，也可以自动转换为测值，防潮防震性能较好，并且可以实现连续测量，参数见表6-2。

图 6-3 BK-1001 型智能读数仪

表 6-2 BK-1001 型智能读数仪技术参数

项　目	指　标
频率测量范围/Hz	400～6000
频率分辨率/Hz	0.1

续表 6-2

项　　目	指　　标
模数分辨率	0.1F
频率准确度/Hz	≤0.3
温度测量范围/℃	−50~+140
测温分辨率/℃	0.1
测温准确度/℃	≤0.3
存储数据/条	3000
通讯方式	USB 型串口
显示屏	240×180 图形点阵屏
电池	2300mAH、3.7V 锂电池
连续工作时间/h	>20

对某铜矿北矿带−310m 中段 E4 盘区第一试验分层 4′回采分条整个充填过程进行实时监测，混凝土挡墙压力盒布置示意图见图 6-4，压力盒现场布置图见图 6-5，压力盒现场安装见图 6-6。根据该铜矿的充填工艺，本次充填分三期充填，挡墙压力现场监测见图 6-7，充填过程挡墙压力盒监测数据见表 6-3。

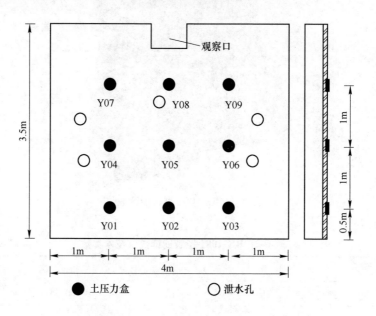

图 6-4　混凝土挡墙压力盒布置示意图

图 6-5 压力盒现场布置图

图 6-6 压力盒现场安装图

图 6-7 挡墙压力现场监测图

表 6-3 现场监测压力值数据

(MPa)

监测时间	Y01	Y02	Y03	Y04	Y05	Y06	Y07	Y08	Y09
9:20	0	0	0	0	0	0	0	0	0
9:35	-0.00387	-0.00096	0.000127	0.00019	-0.04972	6.57E-05	-0.00058	6.73E-05	0.000605
9:50	-0.00045	0.007035	0.000444	0.000698	-0.00085	0.000329	-0.00071	0.000337	-0.00099
10:05	0.005843	0.013069	0.007327	0.001906	0.000494	0.001052	0.000194	0.000471	-0.00071
10:20	0.008911	0.017841	0.012979	0.001969	0.000423	-0.00046	0.0022	0.002022	-0.00033
10:40	0.011268	0.025408	0.020814	0.006369	0.005019	0.005074	0.007205	0.005675	0.00033
10:55	0.011137	0.032454	0.028066	0.012144	0.01392	0.010178	0.014275	0.01016	0.000881
11:30	0.006039	0.037893	0.03221	0.015499	0.021316	0.014309	0.016315	0.010706	0.00077
11:45	0.004737	0.036819	0.030169	0.014659	0.020235	0.013642	0.014735	0.010842	0
12:00	0.004086	0.036159	0.028986	0.014078	0.019732	0.013241	0.01388	0.011115	-5.5E-05
12:20	0.003631	0.035994	0.028198	0.013562	0.019588	0.012975	0.013486	0.011115	-0.00011
13:20	0.002917	0.035252	0.026559	0.01266	0.019228	0.012108	0.012436	0.011934	-0.00027
14:20	0.002333	0.034923	0.025577	0.012338	0.018868	0.011642	0.012567	0.01248	-0.00066
15:20	0.002203	0.034923	0.024727	0.012144	0.018653	0.011243	0.013683	0.013027	-0.00049
16:20	0.002268	0.034758	0.024138	0.01208	0.018437	0.011109	0.014735	0.013095	-0.00049
17:20	0.002333	0.034428	0.023747	0.012016	0.018365	0.011109	0.015525	0.013095	-0.00066
17:35	0.002203	0.035664	0.025577	0.014014	0.019804	0.012175	0.012174	0.008663	0.000715
17:50	0.000712	0.038306	0.030629	0.016793	0.025144	0.015178	0.020145	0.012959	0.003917
18:10	-0.00965	0.056642	0.044696	0.025907	0.041412	0.022427	0.045114	0.026529	0.007969
18:20	-0.01628	0.058998	0.047912	0.028135	0.047091	0.024788	0.054691	0.033147	0.008359
18:40	-0.0157	0.05782	0.053568	0.0282	0.047757	0.024721	0.051671	0.03168	0.007134
19:00	-0.01488	0.056726	0.051409	0.027282	0.043474	0.024585	0.049617	0.030494	0.006134
19:30	-0.01399	0.055047	0.048987	0.026103	0.041339	0.024315	0.047158	0.028962	0.005135
20:00	-0.01354	0.05404	0.047845	0.02558	0.040163	0.02418	0.04559	0.025904	0.004581
21:00	-0.01284	0.054376	0.053096	0.027676	0.043842	0.024923	0.042871	0.025488	0.004471
22:00	-0.00645	0.057736	0.055123	0.031619	0.04458	0.026276	0.041514	0.026182	0.004471
23:00	-0.00645	0.058493	0.054988	0.030961	0.044875	0.026073	0.041175	0.026043	0.004249

6.3.2 数据处理

根据以上所得的监测数据，采用 Origin 软件对所监测数据进行处理，分析得各压力盒应力值随充填时间的变化曲线。各压力盒应力值随时间变化曲线见图 6-8~图 6-10。

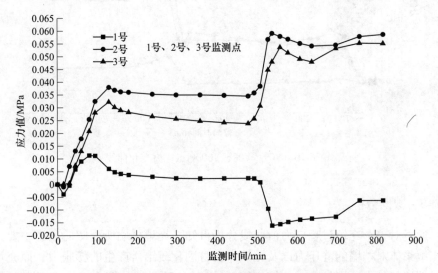

图 6-8 Y01、Y02、Y03 测点应力变化曲线

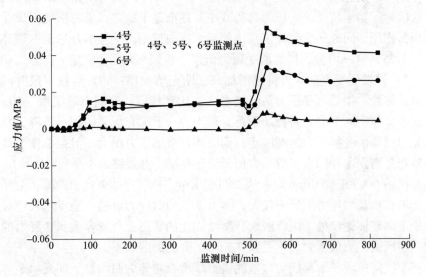

图 6-9 Y04、Y05、Y06 测点应力变化曲线

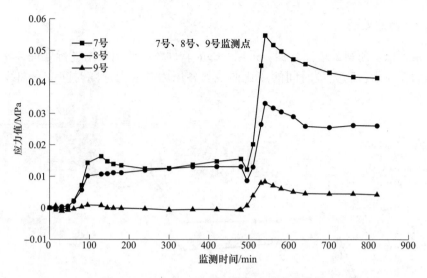

图 6-10　Y07、Y08、Y09 测点应力变化曲线

6.3.3　数据分析

通过对整个充填过程应力值曲线分析可知，充填挡墙所受侧向压力主要是由于充填浆体对挡墙的静压力以及充填体自身固化凝结所产生的膨胀力，而充填浆体对挡墙的冲击力则较小。一期充填开始（9：20）至一期充填结束（11：45），挡墙所受压力值随着充填高度的增加平稳增长，此阶段充填挡墙主要受浆体的静压力作用。一期充填结束至沉降排水开始（14：20），第一期充填结束后到沉降排水这段时间挡墙所受侧向压力有所减小并逐渐趋于稳定，说明挡墙不仅受浆体的静压力作用，同时还受到充填浆体的动水压力作用。从排水开始至二期充填开始（17：35）这一阶段，挡墙所受压力值进一步减小并趋于稳定。随着二期充填（17：35）挡墙所受侧向压力持续增加。三期充填（18：40）阶段一段时间内压力值增长较快，挡墙所受压力值继续增大，达到峰值。三期充填结束（19：30）后，充填浆体逐渐平静，对挡墙不再有冲击力，下部充填浆体脱水沉降、凝结固化，充填挡墙所受静压力逐渐减小，而浆体自身膨胀力增大，但是总体上静压力减小的趋势占据主导因素，故压力值最终还是减小并最终趋于平稳。

对比图 6-8 和图 6-10 可知，从二期充填至三期沉降结束这个阶段，上部压力盒受充填浆体动水压力的影响较大，而下部压力盒应力值趋于稳步增长趋势，这是由于下部浆体逐步处于沉降脱水、凝结固化的状态，自身容重和膨胀力的增大导致挡墙所受压力值增大，不受浆体充填沉降的影响。

三期沉降阶段，下部压力盒监测值仍呈增长趋势的原因是下部充填浆体已经逐步处于沉降脱水、凝结固化状态，自身容重及膨胀力的增大导致挡墙下部受压增大。此时，充填浆体逐渐失去塑性及流动性，充填浆体具有一定的内摩擦角，但无内聚力，可将它看作一种无黏性的松散物料。在这个阶段充填体受压最大，这与现场是吻合的，挡墙出现破坏时一般处于三期充填阶段及其前后一段时间。随着充填浆体逐渐凝结固化具备自身强度，挡墙侧压受力将趋于稳定，并逐渐下降最终等于零。

充填时，充填挡墙承受着来自充填浆体的推力作用。根据各测点充填过程应力曲线变化，可得各测点的应力最大值，见表6-4。如果一次充填完成，此时挡墙受到的推力达到最大值。然而实际上，进路充填过程分三期进行。因此可知，随充填间隔时间的延长，充填体自然安息角逐渐增大，隔离墙受到的最大推力必会减小，隔离墙的稳定性将显著提高。

表 6-4　各测点最大应力值　　　　　　　（MPa）

测点	最大应力值	测点	最大应力值
Y01	0.011	Y06	0.026
Y02	0.059	Y07	0.055
Y03	0.055	Y08	0.033
Y04	0.032	Y09	0.008
Y05	0.048		

本次试验挡墙沿用的是水泥胶结尾砂充填情形下的挡墙结构，采用的是现浇混凝土浇灌板墙堆砌工艺，浇灌所用的水泥标号为42.5，板墙厚度为600mm，混凝土板墙高2.65m，混凝土板墙内两端埋设4根直径为28mm的锚杆和14根直径为12mm螺纹钢，锚杆安装完毕后，在立模墙内铺设竖筋，数量为三根，使竖筋、锚杆和钢筋网连为一体，使得配网密度不少于400mm×400mm，堆砌在板墙顶部的空心砖为两层共400mm，且其四周自检用水泥敷设牢固，里外侧进行抹面。根据《挡土墙设计实用手册》面板式挡土墙主要是产生剪切破坏，因此按抗剪强度计算。钢筋总截面积 S 应满足如下关系式：

$$\tau_w \times S \geqslant n \times p \tag{6-2}$$

式中　τ_w——锚杆的抗剪强度，kPa；

　　　S——锚杆的总截面积，m^2；

　　　n——安全系数；

　　　p——挡墙所受的最大推力，kN。

若继续沿用现有的配筋方案，安全系数 n 取 1.5，其抗剪强度为 $32 \times 10^7 Pa$。根据现场试验测得的结果，最终分析计算得到隔离墙所受的最大侧向压力为0.059MPa。试验进路的尺寸为4m×3.5m，由此可计算得到充填隔离墙所受的最大压力约为826kN。由此可得出总截面积 S 为3871mm^2，实际所用钢筋总截面积为4044mm^2，即现有充填挡墙方案能够满足固化剂胶结尾砂充填需求。

6.4　本章小结

充填挡墙在充填过程中，挡墙主要受到充填浆体对挡墙的静压力以及充填体自身固化凝结所产生的膨胀力的作用。

通过对固化剂胶结尾砂充填挡墙在充填过程受力监测，分析得到了挡墙所受最大侧向压力为 0.059MPa，挡墙所受剪切应力满足强度要求，表明现用挡墙方案能够满足固化剂胶结尾砂充填要求。

⑦　水化热试验

7.1　试验目的及意义

采用水泥作为胶凝材料，缺点就是在胶结尾砂充填过程中，将发生水化反应释放出大量热量。由于受井下通风条件的限制，将会造成井下充填处局部温度过高，进而影响井下作业。在前期研究中，我们通过理论计算，得出固化剂水化反应放热量低于水泥，采用固化剂胶结尾砂充填能够明显改善作业环境。

在热力学理论计算的基础上，还需进一步测定比较固化剂和水泥胶结充填采场的实际水化反应效果。

7.2　试验内容

通过水化热试验比较固化剂胶结尾砂充填与水泥胶结尾砂充填两种充填工艺，分析固化剂胶结尾砂充填后采场工作环境的实际改善效果。试验内容如下：充填挡墙布置完毕后，在充填挡墙的观察口处布置 2 个温度计，测量充填过程中采场的温度变化情况，并且以同样的方法测定同一分层的采用水泥胶结充填的采场的温度变化，对两者进行比较。

此次选择在第二试验分层（5）回采分条进行固化剂胶结尾砂充填的水化热试验，结合现场情况，由于在充填挡墙的观察口处不适宜观察读取温度计数据，所以根据实际情况我们将温度计布置在挡墙表面处。试验分条平面布置图及温度计现场布置图见图 7-1 和图 7-2。

在第二试验分层（5）试验分条固化剂胶结尾砂充填前，测得温度读数为 25℃。随着充填工作的开始，温度计温度逐渐上升，最终温度达到 30℃，温度提升 5℃。为了与同一分层的采用水泥胶结充填的采场温度变化进行比较，所以选择 E5 采场同一分层的 I 回采分条进行水化热试验。该分条与同一分层的固化剂采场（5）分条在分条尺寸、回采时间以及环境条件上都比较接近，如图 7-3 所示。

该分条充填开始前温度为 25℃左右，随着水泥胶结尾砂充填，温度逐渐上升，充填结束时温度为达到 35℃，温度提升 10℃。由此可见，在几乎同样条件下，水泥胶结尾砂充填采场的作业环境温度显著高于固化剂胶结尾砂充填采场。

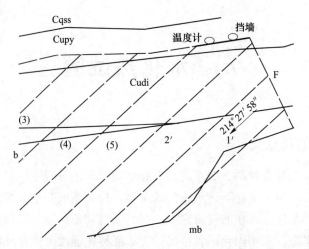

图 7-1　固化剂水化热试验采场平面布置

图 7-2　温度计现场布置

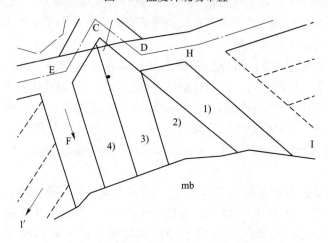

图 7-3　水泥水化热试验采场平面布置

　　根据热力学计算结果，采用水泥胶结尾砂充填，导致区域温度提升 12℃ 左右，而采用固化剂胶结尾砂充填，充填区域温度提升 5.8℃ 左右，如表 7-1 所示。由此可见，现场试验所测得的温度提升与室内试验后热力计算结果几乎一致，所以现场测试所得数据比较可靠。

表 7-1　热力学计算与现场监测温度变化情况

	充填空间/m×m×m	初始温度/℃	最高温度/℃	温升/℃
热力学计算	24×4×3.5（水泥）	—	—	12
	24×4×3.5（固化剂）	—	—	5.8
I 分条	24×4×3.5（水泥）	25	35	10
（5）分条	24×4×3.5（固化剂）	25	30	5

7.3　本章小结

　　对比固化剂胶结尾砂充填的采场温度与水泥胶结尾砂充填的采场温度可知，试验分条采用固化剂胶结尾砂充填时，采场环境温度会提高 5℃，而采用水泥胶结尾砂充填时，采场温度提高 10℃。在采场结构参数近似的条件下，固化剂胶结尾砂充填采场温升明显低于水泥胶结尾砂充填采场。因此，采用固化剂胶结尾砂充填将有利于降低采场温度，改善作业环境，提高工作效率。

充填体顶板变形及竖筋应力试验

8.1　试验目的和意义

北矿带 E4 盘区目前的回采断面为 4m×3.5m，在现有采场的参数条件下，为了验证固化剂胶结尾砂充填体是否具有足够的安全性，必须进行试验采场的固化剂胶结尾砂充填体顶板变形监测试验，掌握充填体顶板的变形情况，以及竖筋的受力特征，判断其是否可以作为充填体顶板。

8.2　试验内容

8.2.1　试验总体思路

本试验首先需要选定试验采场，在试验采场布置相关的测试仪器，回采后对试验采场进行充填，下个分层回采至该分层埋设仪器的部位时，通过监测获取相应的数据，对数据进行处理分析得到该分层暴露后整个充填顶板的变形特征和受力情况，为胶结充填材料作为顶板的稳定性和竖筋是否发挥悬吊作用提供依据。

8.2.2　试验方案

本试验选取北矿带−310m 中段 E4 盘区第一试验分层 1′回采分条和 4′回采分条，−310m 中段 E4 盘区第二试验分层的（5）回采分条和 F 回采分条，−310m 中段 E4 盘区第三实验分层 5）回采分条和 5′回采分条。在试验分条中布置相应的测试仪器，根据现场监测制度和相关理论知识，将第二试验分层与第一试验分层 4′分条相对应的 F′分条作为第二试验分层的试验分条，将第二试验分层与第一试验分层 1′分条对应的（5）分条作为第二试验分层的试验分条，将第三试验分层与第二试验分层（5）分条对应的 5）分条作为第三试验分层的试验分条，将第三试验分层与第二试验分层 F 分条对应的 5′分条作为第三试验分层的试验分条。为此，拟定如下试验方案进行充填体顶板变形和竖筋应力试验。

（1）在试验采场回采之后充填之前，在试验分条中布置不同方向不同位置的振弦式混凝土应变计，然后进行充填。充填完至下一分层对应位置的分条完全开采过程中，对混凝土应变计所测得数据进行记录、整理、分析，得到固化剂胶结充填材料的变形特征及规律，为固化剂胶结材料是否可以作为充填体顶板提供判断依据。

（2）在试验采场回采之后竖筋布置之前，在选定的竖筋上安装振弦式钢筋测力计，然后再布置竖筋，充填。充填完至下一分层对应位置的分条完全开采工程中，监测钢筋测力计的数据变化，通过钢筋测力计量测的结果，掌握竖筋受力情况，分析充填体顶板的整体受力特征，从而判断竖筋是否对顶板整体发挥了悬吊作用，进而分析竖筋参数是否需要优化。

（3）在固化剂胶结尾砂充填体作为顶板，试验采场分条回采过程中，充填顶板采用木桩支护，在木桩顶端放置压力计，监测顶板变形过程中压力计的变化趋势。

（4）数值模拟研究竖筋对固化剂胶结尾砂充填体顶板变形和应力的影响，并与水泥胶结尾砂充填体顶板进行比较。

8.2.3　试验仪器

通过现场调研，本章现场相关的测试仪器分为三部分：振弦式混凝土应变计，用于测定固化剂胶结尾砂充填体的应变；振弦式钢筋测力计，用于测定钢筋应力；土压力盒用于测定木桩所受荷载。

8.2.3.1　YBJ-510 型振弦式混凝土应变计

为得到固化剂胶结充填材料的受力特点和变形特征，试验采用规格为 $2000\mu\varepsilon$ 的 YBJ-510 振弦式混凝土应变计作为测试仪器（见图 8-1）。该应变计由弹性体、外壳、夹具、钢弦、电磁感应线圈组成，适用于长期埋设在水工结构物或其他混凝土结构物内，测量结构物内部的应变量，并可同步测量埋设点的温度，具有抗高压、抗径向力、防水等特点。被测结构物受力发生形变，同时传递到埋设在内部的应变计上，一起发生形变。应变计受力改变钢弦的张紧程度，从而改变其振动频率，由电磁感应线圈可以产生激振，同时读出钢弦的振动频率。通过计算钢弦频率的变化，可以得出应变计发生的微应变。应变计详细技术指标见表 8-1。

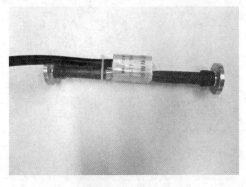

图 8-1　应变计

表 8-1　应变计技术参数指标

产品型号	YBJ-510	
测量范围	拉伸：$800\mu\varepsilon$	压缩：$1200\mu\varepsilon$
分辨力	≤0.08%FS	
非线性	≤1.20%FS	
综合误差	≤2.00%FS	
产品规格/cm	10、15、20	
测量标距/mm	100、150、200	
温度/℃	可加装温度传感器，−20~+60	

8.2.3.2　GGJ-100 型振弦式钢筋测力计

为测定固化剂胶结尾砂充填体中竖筋的受力情况，结合现场竖筋实际情况，本试验采用规格为 $\phi16mm$ 的 GGJ-100 型振弦式钢筋测力计作为测试仪器（见图 8-2）。该测力计由一段长度为 190mm 的高强度碳钢制成的中空钢筋和同轴安装于其内部的钢弦、电磁感应线圈组成，通常埋设于建筑物的桩、地下连续墙、桥梁、边坡等混凝土工程上，用于测定混凝土内部钢筋应力，具有结构简单、坚固耐用、防水性能好、灵敏度高等特点。钢筋计承受到拉伸或者压缩的应力时会随着应力的大小改变钢筋计中钢弦的张紧程度，从而改变其振动频率。由电磁感应线圈可以产生激振，同时读出钢弦的振动频率。通过计算钢弦频率的变化，可以得出钢筋计所受应力的大小。GGJ-100 型振弦式钢筋测力计的主要技术指标见表 8-2。

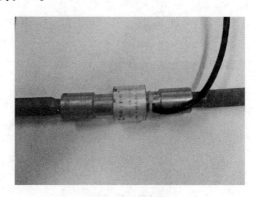

图 8-2　钢筋测力计

表 8-2 钢筋测力计技术指标

产品型号	GJJ-100	
测量范围/kN	拉伸：40	压缩：20
分辨力	≤0.08%FS	
非线性	≤1.20%FS	
综合误差	≤2.00%FS	
产品规格/mm	φ16	
链接杆/mm	180	
温度/℃	可加装温度传感器，−20～+60	

8.2.3.3 压力盒

为了测定固化剂胶结尾砂充填体下木桩的受力大小，监测顶板变形过程中压力盒的变化趋势，试验采用 TYJ-200 型系列振弦式压力盒为测试仪器（见图 8-3），适用于矿山井下均布和集中载荷的测量。

图 8-3 压力盒

为了将试验结果转变为可读取的数据，本次试验专门针对 YBJ-510 型振弦式混凝土应变计、GGJ-100 型振弦式钢筋测力计和 TYJ-200 型系列振弦式压力盒配备了 609A 型振弦式频率测读仪（见图 8-4），来读取试验结果数据。609A 型系列测读仪适用于国内外各种振弦式传感器的数据采集，并支持多种温度传感器的测量，是一款多功能高智能型的仪器，具有抗干扰能力强、高精度等特点。通过设置它能直接显示出所测到的物理量，连接通讯电缆它可把采集到的实时数据上传到计算机，以便对数据进一步处理。609A 型测读仪的技术参数见表 8-3。

图 8-4　609A 型测读仪

表 8-3　609A 型测读仪技术参数

型　号 项　目	609A
测频范围/Hz	500~6000
最小读数/Hz	0.1
温度范围/℃	−25~+110
测温精度/℃	±0.3
温度传感器类型	2K、3K、4K
通信接口	RS232、USB 转 232 口
测量方式	手动、自动
自动测量间隔	1s~1 月（可调）
工作电源	三节碱性 5 号电池

8.3　试验过程

8.3.1　试验仪器安装

8.3.1.1　混凝土应变计

为了测得固化剂胶结尾砂充填体的变形特征，混凝土应变计需埋设在充填体中。本次试验中混凝土应变计布置在回采分条中，按照垂直、水平和正交三个方向，即沿进路方向、垂直进路方向和垂直工作面方向三个方向布置。沿进路方向埋设，每组分上、中、下三个布置，分两个分条埋设。采场充填前，用钢丝固定应变计，安装应变计时先从进路顶板拉三根辅助铁丝与底板铁丝固定牢固，然后将三个应变计呈三个互相垂直的方向固定在铁丝上，应变计的两端要与铁丝牢牢固定，避免充填时应变计滑动或改变方向，电缆线拉至充填挡墙外。混凝土应变计安装布置见图 8-5 和图 8-6。

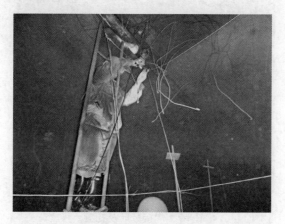

图 8-5　安装混凝土应变计

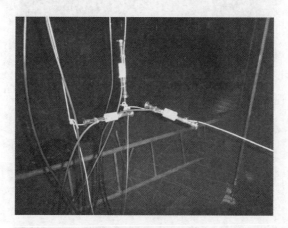

图 8-6　混凝土应变计

8.3.1.2　钢筋混凝土测力计

钢筋混凝土测力计需和竖筋连接在一起，将竖筋分为三段，在每根筋的上、中、下分别安装一个钢筋混凝土测力计，将钢筋混凝土测力计通过螺纹固定在竖筋上，仪器与竖筋连接固定之后需用读数仪进行地表测试，确定仪器是否被损坏，以保证试验的可靠性，同时记录地表仪器初始值，钢筋混凝土测力计电缆拉至充填挡墙以外。本次试验对试验分条中的 12 根竖筋进行监测，每个试验分条总共安装 36 个钢筋混凝土测力计，分别布置在 -310m 中段第一试验分层的 1′分条和 4′分条，以及 -310m 中段第二试验分层（5）分条和 F 分条。钢筋混凝土测力计现场安装布置见图 8-7~图 8-9，测点布置见图 8-10。

图 8-7　焊接竖筋及托盘

图 8-8　安装钢筋测力计

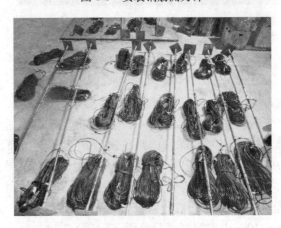

图 8-9　加工后的竖筋

图 8-10 现场布置钢筋测力计

8.3.1.3 木桩压力盒

埋设木桩压力盒主要是为了测出支护顶板充填体顶板的沉降压力情况。压力盒的安装，要求保证安装压力盒的基座和支柱的上下端面尽量地平整接触，避免大的偏载影响测量准确性；如果接触面不能保证平整，需要在压力盒的上下两面先安放传力板，以保证压力盒与木桩全面接触。木桩压力盒安装见图 8-11。

图 8-11 木桩压力盒现场安装

8.3.2 测点布置

本次试验在-310m 中段 E4 采场第一试验分层的 1'分条和 4'分条，第二试验分层（5）分条和 F 分条，以及第三分层 5'分条和 5）分条分别埋设混凝土应变计和钢筋混凝土测力计，监测固化剂胶结尾砂充填体顶板变形和竖筋受力情况。各试验分条的监测点布置见图 8-12~图 8-14。

8.3.2.1 混凝土应变计

通常情况下，当下层开采完，上层充填体暴露作为顶板时，中间部位变形量

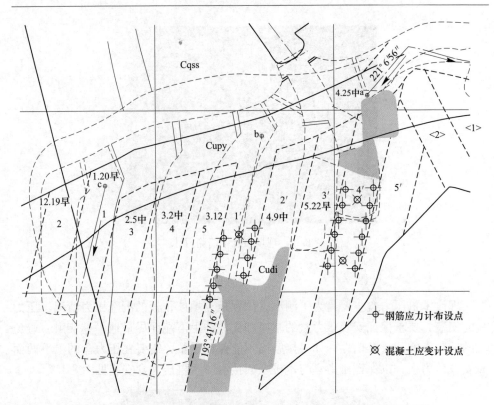

图 8-12　-310m 中段 E4 采场第一试验分层的 1′分条和 4′分条测点布设

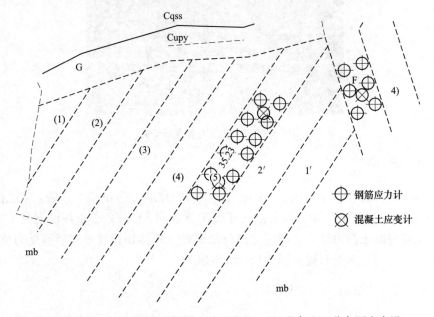

图 8-13　-310m 中段 E4 采场第二试验分层（5）分条和 F 分条测点布设

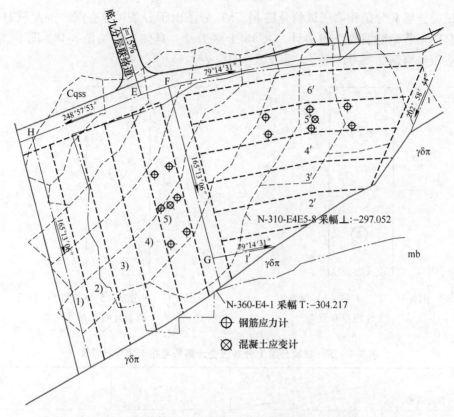

图 8-14 −310m 中段 E4 采场第三分层 5′分条和 5) 分条测点布设

将会最大,所以本次试验将混凝土应变计布置在分条中间位置附近。第一试验分层两个试验分条 1′和 4′都布置 2 个测点,第二试验分层 (5) 分条布置 2 个测点,第二试验分层 F 分条由于分条尺寸所限,只在中间位置布置 1 个测点,第三分层的 5′分条和 5) 分条各布置一个应变计监测点,如图 8-15~图 8-17 所示,测点编号与应变计编号对照见表 8-4~表 8-9。

8.3.2.2 钢筋测力计

本次试验根据每个试验分条的不同情况,分别设计了不同的测点,−310m 中段 E4 采场第一试验分层 1′和 4′分条设计了对 12 根竖筋进行监测,每根竖筋的上、中、下位置分别安装了一个钢筋混凝土测力计,共安装测力计 36 个,第二试验分层 (5) 分条亦是如此,第

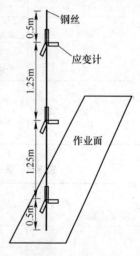

图 8-15 应变计安装示意图

二试验分层 F 分条和第三试验分层 5′、5）分条由于分条尺寸有限，因此只对 6 根竖筋安装钢筋混凝土测力计，共 18 个测力计。具体布置见图 8-18～图 8-20，测点编号与钢筋测力计编号对照见表 8-10～表 8-15。

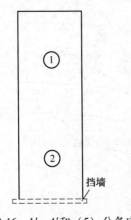

图 8-16　1′、4′和（5）分条应
　　变计测点布置

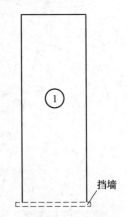

图 8-17　F 分条、5′分条和 5）分条
　　应变计测点布置

表 8-4　第一试验分层 1′分条应变计编号与布点编号对照表

应变计编号	布点	1	2
上	沿进路方向	11B01	11B10
	垂直进路方向	11B02	11B11
	垂直作业面方向	11B03	11B12
中	沿进路方向	11B04	11B13
	垂直进路方向	11B05	11B14
	垂直作业面方向	11B06	11B15
下	沿进路方向	11B07	11B16
	垂直进路方向	11B08	11B17
	垂直作业面方向	11B09	11B18

表 8-5　第一试验分层 4′分条应变计编号与布点编号对照表

应变计编号	布点	1	2
上	沿进路方向	14′B01	14′B10
	垂直进路方向	14′B02	14′B11
	垂直作业面方向	14′B03	14′B12

应变计编号	布 点	1	2
中	沿进路方向	14′B04	14′B13
	垂直进路方向	14′B05	14′B14
	垂直作业面方向	14′B06	14′B15
下	沿进路方向	14′B07	14′B16
	垂直进路方向	14′B08	14′B17
	垂直作业面方向	14′B09	14′B18

表 8-6 第二试验分层（5）分条应变计编号与布点编号对照表

应变计编号	布 点	1	2
上	沿进路方向	2（5）B01	2（5）B10
	垂直进路方向	2（5）B02	2（5）B11
	垂直作业面方向	2（5）B03	2（5）B12
中	沿进路方向	2（5）B04	2（5）B13
	垂直进路方向	2（5）B05	2（5）B14
	垂直作业面方向	2（5）B06	2（5）B15
下	沿进路方向	2（5）B07	2（5）B16
	垂直进路方向	2（5）B08	2（5）B17
	垂直作业面方向	2（5）B09	2（5）B18

表 8-7 第二试验分层 F 分条应变计编号与布点编号对照表

应变计编号	布 点	1
上	沿进路方向	2FB01
	垂直进路方向	2FB02
	垂直作业面方向	2FB03
中	沿进路方向	2FB04
	垂直进路方向	2FB05
	垂直作业面方向	2FB06
下	沿进路方向	2FB07
	垂直进路方向	2FB08
	垂直作业面方向	2FB09

表 8-8　第三分层 5′分条应变计编号与布点编号对照表

应变计编号	布点	1
上	沿进路方向	35′B01
	垂直进路方向	35′B02
	垂直作业面方向	35′B03
中	沿进路方向	35′B04
	垂直进路方向	35′B05
	垂直作业面方向	35′B06
下	沿进路方向	35′B07
	垂直进路方向	35′B08
	垂直作业面方向	35′B09

表 8-9　第三分层（5）分条应变计编号与布点编号对照表

应变计编号	布点	1
上	沿进路方向	3（5）B01
	垂直进路方向	3（5）B02
	垂直作业面方向	3（5）B03
中	沿进路方向	3（5）B04
	垂直进路方向	3（5）B05
	垂直作业面方向	3（5）B06
下	沿进路方向	3（5）B07
	垂直进路方向	3（5）B08
	垂直作业面方向	3（5）B09

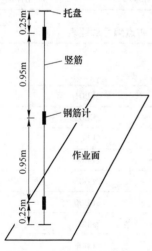

图 8-18　钢筋计安装示意图

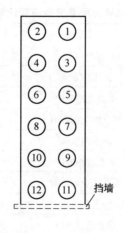

图 8-19　1′、4′和（5）
分条钢筋计测点布置

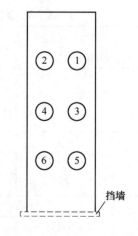

图 8-20　F 分条、5′分条和
5）分条钢筋计测点布置

表 8-10　第一试验分层 1′分条钢筋计编号与布点编号对照表

钢筋计编号＼布点	1	2	3	4	5	6
上	11′G01	11′G04	11′G07	11′G10	11′G13	11′G16
中	11′G02	11′G05	11′G08	11′G11	11′G14	11′G17
下	11′G03	11′G06	11′G09	11′G12	11′G15	11′G18
钢筋计编号＼布点	7	8	9	10	11	12
上	11′G19	11′G22	11′G25	11′G28	11′G31	11′G34
中	11′G20	11′G23	11′G26	11′G29	11′G32	11′G35
下	11′G21	11′G24	11′G27	11′G30	11′G33	11′G36

表 8-11　第一试验分层 4′分条钢筋计编号与布点编号对照表

钢筋计编号＼布点	1	2	3	4	5	6
上	14′G01	14′G04	14′G07	14′G10	14′G13	14′G16
中	14′G02	14′G05	14′G08	14′G11	14′G14	14′G17
下	14′G03	14′G06	14′G09	14′G12	14′G15	14′G18
钢筋计编号＼布点	7	8	9	10	11	12
上	14′G19	14′G22	14′G25	14′G28	14′G31	14′G34
中	14′G20	14′G23	14′G26	14′G29	14′G32	14′G35
下	14′G21	14′G24	14′G27	14′G30	14′G33	14′G36

表 8-12　第二试验分层（5）分条钢筋计编号与布点编号对照表

钢筋计编号＼布点	1	2	3	4	5	6
上	25G01	25G04	25G07	25G10	25G13	25G16
中	25G02	25G05	25G08	25G11	25G14	25G17
下	25G03	25G06	25G09	25G12	25G15	25G18
钢筋计编号＼布点	7	8	9	10	11	12
上	25G19	25G22	25G25	25G28	25G31	25G34
中	25G20	25G23	25G26	25G29	25G32	25G35
下	25G21	25G24	25G27	25G30	25G33	25G36

表 8-13   第二试验分层 F 分条钢筋计编号与布点编号对照表

钢筋计编号 \ 布点	1	2	3	4	5	6
上	2FG01	2FG04	2FG07	2FG10	2FG13	2FG16
中	2FG02	2FG05	2FG08	2FG11	2FG14	2FG17
下	2FG03	2FG06	2FG09	2FG12	2FG15	2FG18

表 8-14   第三分层 5′ 分条钢筋计编号与布点编号对照表

钢筋计编号 \ 布点	1	2	3	4	5	6
上	35′G01	35′G04	35′G07	35′G10	35′G13	35′G16
中	35′G02	35′G05	35′G08	35′G11	35′G14	35′G17
下	35′G03	35′G06	35′G09	35′G12	35′G15	35′G18

表 8-15   第三分层（5）分条钢筋计编号与布点编号对照表

钢筋计编号 \ 布点	1	2	3	4	5	6
上	3（5）G01	3（5）G04	3（5）G07	3（5）G10	3（5）G13	3（5）G16
中	3（5）G02	3（5）G05	3（5）G08	3（5）G11	3（5）G14	3（5）G17
下	3（5）G03	3（5）G06	3（5）G09	3（5）G12	3（5）G15	3（5）G18

8.3.2.3 木桩压力盒

本次试验，在第三试验分层5）分条布置了两个木桩压力盒。测点布置和安装示意图见图 8-21 和图 8-22。

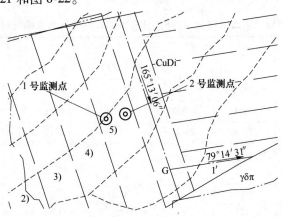

图 8-21 木桩压力盒监测点布置示意图

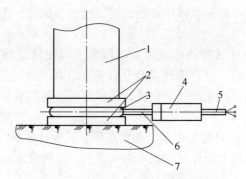

图 8-22　木桩压力盒安装布置示意图
1—支柱；2—压力枕上、下传力板；3—压力枕；
4—压力、频率转换器；5—测量电缆；6—导压管；7—基座

测点布置完毕后，将混凝土应变计和钢筋混凝土测力计的电缆拉至分条充填挡墙外，为避免各个电缆线之间的混乱，应提前对照每根电缆，在电缆端部做好标签，标签的编号要与仪器的编号一一对应，最后将电缆统一放置到安全地点，以备监测测试。

8.3.3　监测制度

仪器布置完毕后，关键是对仪器进行监测，为此必须制定严格、规范的监测制度，以保证监测结果的及时、准确、有效。同时，应对监测结果进行及时记录并且对所记录数据整理分析。由于井下环境恶劣，充填离析、爆破振动、竖筋布置过程中的偏斜等因素的影响，导致小部分仪器出现损坏，仪器无法读取数据，在曲线图中表现为部分仪器只有短暂的监测值，但试验结果保证了每种竖筋参数都有完整的监测值。

8.4　试验结果

8.4.1　监测结果记录

第一试验分层 4′分条于 2015 年 1 月 3 日充填完成，与 4′分条相对应的第二试验分层 F 分条于 2015 年 9 月 26 日充填完成，与 F 分条相对应的第三试验分层 5′分条于 2016 年 4 月 6 日充填完成；第二试验分层（5）分条于 2015 年 8 月 25 日充填完成，与（5）分条相对应的第三试验分层 5）分条于 2016 年 5 月 4 日充填完成（第一试验分层的 1′分条所布设的仪器，由于现场施工原因，导致未监测到数据）。

（1）钢筋测力计试验数据记录。对钢筋测力计的监测应从第一试验分层试验采场充填完毕后开始，直至第四试验分层充填结束。通过监测结果进行处理得

到最终试验所需数据，即充填体中竖筋的受力值。各试验分条详细试验见监测结果分析。

（2）混凝土应变计试验数据记录。对混凝土应变计监测从第一试验分层试验采场充填完毕后开始，直至第四试验分层充填结束，通过监测结果进行处理得到最终试验所需数据，即充填体中应变计的应变值。各试验分条详细试验见监测结果分析。

（3）木桩压力盒试验数据记录。布置在第三试验分层5）分条中的木桩压力盒监测回采过程中顶板充填体对采场木桩的压力，从架设木桩当天开始监测，监测周期为每天一次，回采分条充填后结束监测。

8.4.2　监测结果分析

采用振弦式频率仪读取频率值，根据监测的频率值，按式（8-1）和式（8-2）计算对应的应变值、应力。

$$\mu_\varepsilon = K(f_i^2 - f_0^2) + b(T_i - T_0) \tag{8-1}$$

式中　μ_ε——传感器在作用力下产生的微应变；

　　　K——率定系数；

　　　f_0——初始读数或零读数，一般为安装前获得，Hz；

　　　f_i——当前读数，Hz；

　　　b——传感器的温度修正系数；

　　　T_i——当前温度，℃；

　　　T_0——初始温度，℃。

通常情况下，由于温度对振弦式传感器影响很小，可不予修正。

$$p = K(f_i^2 - f_0^2) + b(T_i - T_0) \tag{8-2}$$

式中　p——作用在传感器上的物理量，kN；

　　　K——率定系数；

　　　f_0——初始读数或零读数，一般为安装前获得，Hz；

　　　f_i——当前读数，Hz；

　　　b——传感器的温度修正系数，MPa/℃；

　　　T_i——当前温度，℃；

　　　T_0——初始温度，℃。

通常情况下，由于温度对振弦式传感器影响很小，可不予修正。具体的计算方法以率定表中提供的计算公式及系数为准。

8.4.2.1　钢筋混凝土测力计监测结果

A　第一试验分层

第一试验分层共选取1′和4′分条作为试验分条，由于现场施工原因，导致1′

分条仪器损坏，故无数据。第一试验分层只监测到 4′分条结果，根据 4′分条监测数据结果的分析，得到 4′分条竖筋应力随时间变化曲线，见图 8-23 和图 8-24。

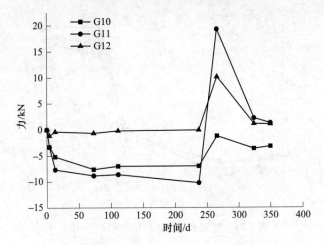

图 8-23　14′G10、14′G11 和 14′G12

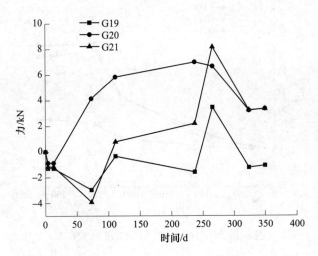

图 8-24　14′G19、14′G20 和 14′G21

B　第二试验分层

对于第二试验分层，选取（5）分条和 F 分条，根据（5）分条和 F 分条钢筋应力计监测数据，得到应力随时间变化曲线，见图 8-25～图 8-27。

C　第三试验分层

对于第三试验分层，选取 5）分条和 5′分条，根据 5）分条和 5′分条钢筋应力计监测数据，得到应力随时间变化曲线，见图 8-28 和图 8-29。

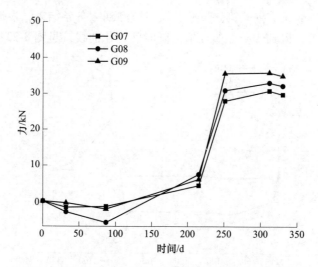

图 8-25　2(5)G07、2(5)G08 和 2(5)G09

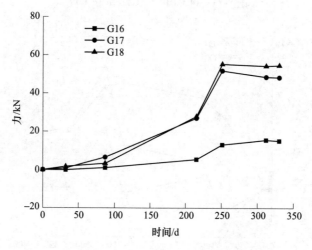

图 8-26　2(5)G16、2(5)G17 和 2(5)G18

从各监测点竖筋受力曲线图可以得到如下分析结果：

（1）从整个竖筋受力变化曲线图来看，充填体暴露为顶板之前，曲线较为平缓，说明充填体中的竖筋受力较小，变化不大。在充填体刚暴露为顶板时，曲线斜率较大，证明此时竖筋受力明显增大，竖筋对充填体起到了悬吊的作用，之后的一段时间，曲线又趋于平缓，随着充填体暴露时间的增长，充填体中竖筋受力变化不大，整个竖筋受力比较稳定，没有发生应力的突变，说明充填体顶板趋于稳定。

（2）对每个监测点竖筋上、中、下三个位置受力变化曲线进行对比，发现

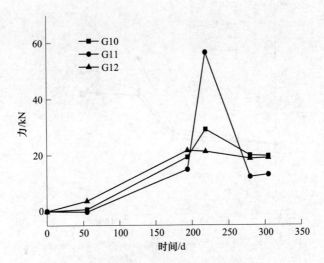

图 8-27   2FG10、2FG11 和 2FG12

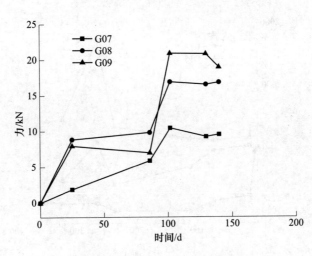

图 8-28   35′G07、35′G08 和 35′G09

大多数竖筋下部所受拉力明显大于上部，说明竖筋与充填体之间的摩擦力起了较大的作用。

8.4.2.2   混凝土应变监测结果

A   第一试验分层

第一试验分层选取 4′分条作为试验分条，根据 4′分条监测数据结果的分析，得到 4′分条充填体应变随时间变化曲线，见图 8-30。

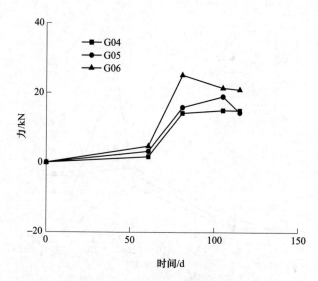

图 8-29　35）G04、35）G05 和 35）G06

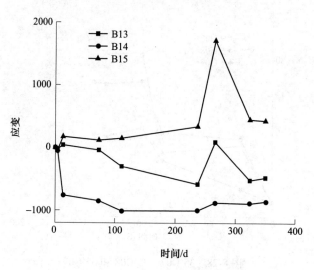

图 8-30　14′B13、14′B14 和 14′B15

B　第二试验分层

对于第二试验分层，选取（5）分条和 F 分条，根据（5）分条和 F 分条充填体内应变计监测数据，得到应变随时间变化曲线，见图 8-31 和图 8-32。

C　第三试验分层

对于第三试验分层，选取 5）分条和 5′分条，根据 5）分条和 5′分条应变计监测数据，得到应变随时间变化曲线，见图 8-33 和图 8-34。

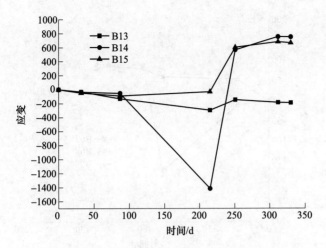

图 8-31　2(5)B13、2(5)B14 和 2(5)B15

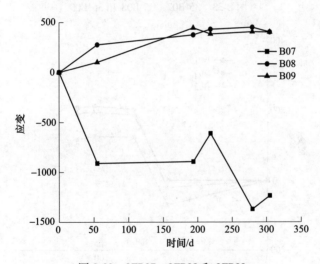

图 8-32　2FB07、2FB08 和 2FB09

从各监测点应变计应变曲线图可以得到如下分析结果：

(1) 通过观察每个测点充填体应变曲线可以得到：在开始阶段，大多数曲线比较平缓，而且应变数值较小，说明当下一分层未进行回采时，充填体变形较小。当充填体刚暴露为顶板时，曲线斜率陡增，说明这时充填体应变迅速增加。随着回采进程，曲线又趋于平缓，说明充填体应变保持在先前的水平，整个顶板充填体趋于稳定。

(2) 对比同一监测点下部三个方向充填体应变曲线，并结合充填体应变数值，发现：顶板充填体下部承载层最大主应变为拉伸应变，方向为水平面内垂直于分条轴线方向。

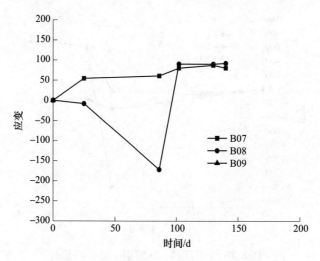

图 8-33　35′B07、35′B08 和 35′B09

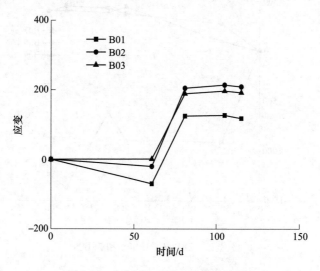

图 8-34　35）B01、35）B02 和 35）B03

（3）通过对比每个测点上、中、下三个位置的应变曲线发现，在沿回采进路方向，上部充填体基本处于受压状态，下部充填体处于受拉状态。说明当充填体暴露为顶板以后，其变形方式呈梁弯曲变形，从而可以利用梁理论来分析充填体的变形规律。

8.4.2.3　木桩支护监测结果

通过在木桩下面埋设压力计来观测顶板充填体对木桩的压力变化，从而分析顶板充填体的下沉规律。对第三试验分层 5）分条木桩受压变化曲线分析，通过观察木桩受压变化曲线，见图 8-35 和图 8-36，发现被监测的木桩所受压力很小，可以忽略不计。说明分条回采过程中，顶板充填体下沉量很小，没有对支撑顶板的木桩产生大的压力。

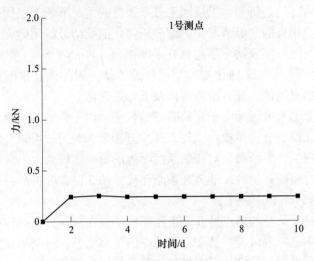

图 8-35 1 号测点的木桩压力变化曲线

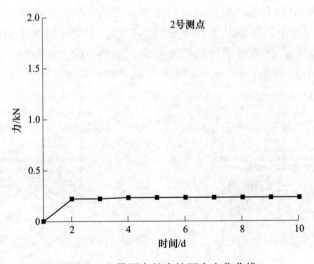

图 8-36 2 号测点的木桩压力变化曲线

8.5 数值模拟

8.5.1 建立模型

GeoStudio 2007 有限元软件中的 SIGMA/W 模块能进行结构应力和变形分析，

它可以分析简单和高度复杂的问题，可应用于岩土、土木和采矿工程的分析和设计。因此采用 GeoStudio 2007 软件中的 SIGMA/W 模块对含裂缝顶板的稳定性进行分析计算。

本次模拟的目的是研究在下层回采分条采空的情况下，上层固化剂胶结分级尾砂充填体作为顶板的变形情况，进而分析固化剂胶结分级尾砂充填顶板的稳定性。该矿采用下向分层胶结充填法，开采断面尺寸 4m×3.5m（宽×高），分别采用配合比为 1:6 和 1:12 固化剂胶结尾砂充填体。因此该开采断面上方为不同配比的尾砂胶结充填体，开采断面两侧及下方是矿体。

因开采断面的宽度远远小于开采断面的长度，属于典型的平面应变问题，建立了二维有限元模型进行模拟。工程实际中开采断面尺寸，4m×3.5m（宽×高），依据圣维南原理，开采断面只对开采断面附近的影响比较大，因此设计开采断面上、下、左、右模拟介质的尺寸为开采断面尺寸的 5 倍，分析最终确定计算模型几何尺寸 84m×54m（宽×高）。

本次模拟试验关注的重点是开采进路断面顶板在竖直方向的位移变化、出现塑性区面积及出现位置以及竖筋在充填体中的受力状态，故网格在竖筋及钢筋托盘附近进行加密处理，分别采用网格基本单元长度为 0.05m 和 0.01m，充填体和矿岩的网格基本单元长度为 1m，整个模型共有 9919 个计算单元和 8765 个节点组成。分析过程中，不考虑构造应力对原岩应力的影响，仅考虑岩体自重引起的应力，在竖直方向上，模型从下而上分别为矿体、充填体层和上覆围岩，为了模拟方便，将上部岩层的重量通过加载来实现，加载力的大小根据上覆岩层的容重来确定，如图 8-37 所示。

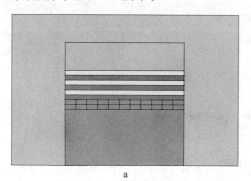
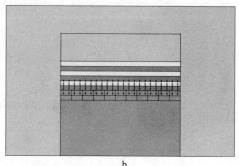

a
b

图 8-37 计算模型
a—原始计算模型；b—加入竖筋计算模型

8.5.2 本构模型及边界条件

数值模拟涉及的岩石、充填体均属于弹塑性材料，可采用能考虑剪切破坏并直观显示主应力的 Mohr-Coulomb 屈服准则，Mohr-Coulomb 准则的剪切破坏判据为：

$$f_s = \sigma_1 - \sigma_3 N_\varphi + 2c\sqrt{N_\varphi} \tag{8-3}$$

其中：

$$N_\varphi = \frac{1 + \sin\varphi}{1 - \sin\varphi} \tag{8-4}$$

式中，σ_1、σ_3 分别为最大主应力、最小主应力；c、φ 分别为材料黏聚力、内摩擦角。为破坏判断系数，当 $f_s \geqslant 0$ 时，材料处于塑性流动状态；当 $f_s \leqslant 0$ 时，材料处于弹性变形阶段。

模型左右边界限制水平向位移，模型下边界固定，上边界施加上覆岩层重量。

8.5.3　模拟材料

本次数值计算所采用的钢筋及岩体、充填体力学参数如表 8-16 和表 8-17 所示。

表 8-16　钢筋力学参数

参数名称	直径/mm	长度/m	屈服点强度/MPa	抗拉强度/MPa	弹性模量/MPa
参数指标	16.0	2.4	335	490	200

表 8-17　岩体及充填介质力学参数

类型	密度 /kN·m^{-3}	弹性模量 /GPa	泊松比	抗拉强度 /MPa	黏聚力 /MPa	内摩擦角 /(°)
围岩	25.87	20.83	0.20	0.91	1.38	53.6
矿体	33.89	10.63	0.26	1.00	1.56	54.5
1:12 固化剂胶结尾砂充填体	16.90	0.39	0.31	0.13	0.24	33.38
1:6 固化剂胶结尾砂充填体	16.50	0.63	0.25	0.32	0.71	41.37
1:8 水泥胶结尾砂充填体	17.50	0.42	0.27	0.15	0.22	25.71
1:4 水泥胶结尾砂充填体	16.70	0.69	0.24	0.30	0.64	37.85

8.5.4　模拟方案

本次数值模拟，是基于回采矿体后，进路巷道的侧帮及顶板均为胶结充填体，巷道上部布置 3 层胶结充填体建立模型。考虑了矿岩体及胶结充填体介质的密度、弹性模量、泊松比、力学强度、黏聚力、内摩擦角等物理力学参数的影响。在模拟过程中先模拟生成自重场，然后模拟第四分层矿体的回采，如图 8-38 所示。

第一分层充填体
第二分层充填体
第三分层充填体
第四分层待回采矿体
回采进路

图 8-38　下向分层胶结充填采矿法

模拟方案如下：

（1）以 1∶6 和 1∶12 的固化剂胶结尾砂充填体作为上部三个分层的充填材料，并且充填体内不布设竖筋，研究其作为第四回采分层顶板条件下，回采进路巷道的稳定性。

（2）以 1∶4 和 1∶8 的水泥胶结尾砂充填体作为上部三个分层的充填材料，并且充填体内不布设竖筋，研究其作为第四回采分层顶板条件下，回采进路巷道的稳定性。

（3）以 1∶6 和 1∶12 的固化剂胶结尾砂充填体作为上部三个分层的充填材料，并在每个分条内布设两排加有钢筋托盘的竖筋，研究其作为第四回采分层顶板条件下，回采进路巷道的稳定性。

（4）以 1∶4 和 1∶8 的水泥胶结尾砂充填体作为上部三个分层的充填材料，并在每个分条内布设两排加有钢筋托盘的竖筋，研究其作为第四回采分层顶板条件下，回采进路巷道的稳定性。

8.5.5　数值模拟结果及分析

通过对上述四种充填方案下，回采断面上部顶板稳定性数值计算，得到以下计算结果，如图 8-39~图 8-50 所示。

8.5.5.1　应力分析

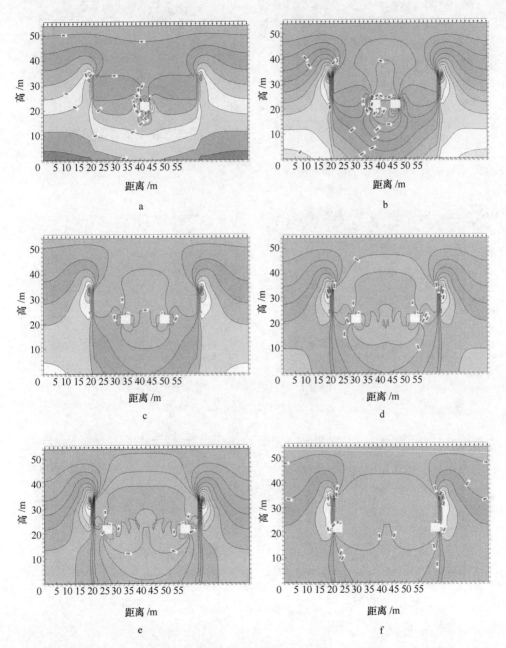

图 8-39　采用 1:6 和 1:12 固化剂胶结尾砂充填 Y 方向应力云图（不加竖筋）

a—第一步开挖；b—第二步开挖；c—第三步开挖；d—第四步开挖；e—第五步开挖；f—第六步开挖

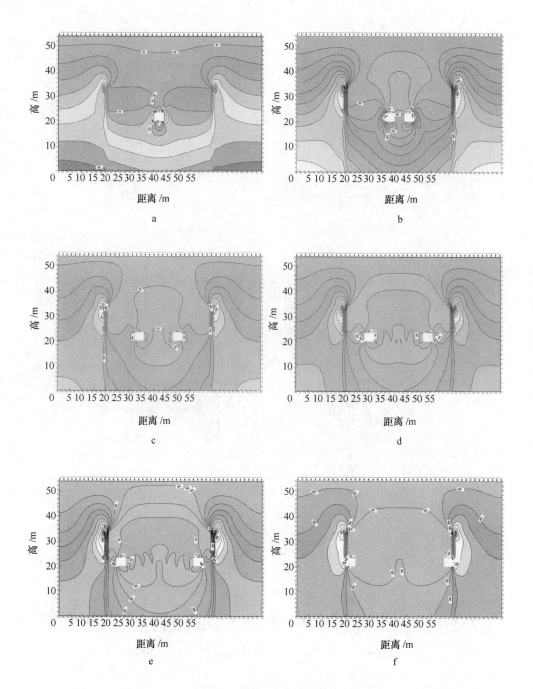

图 8-40　采用 1∶4 和 1∶8 水泥胶结尾砂充填 Y 方向应力云图（不加竖筋）

a—第一步开挖；b—第二步开挖；c—第三步开挖；d—第四步开挖；e—第五步开挖；f—第六步开挖

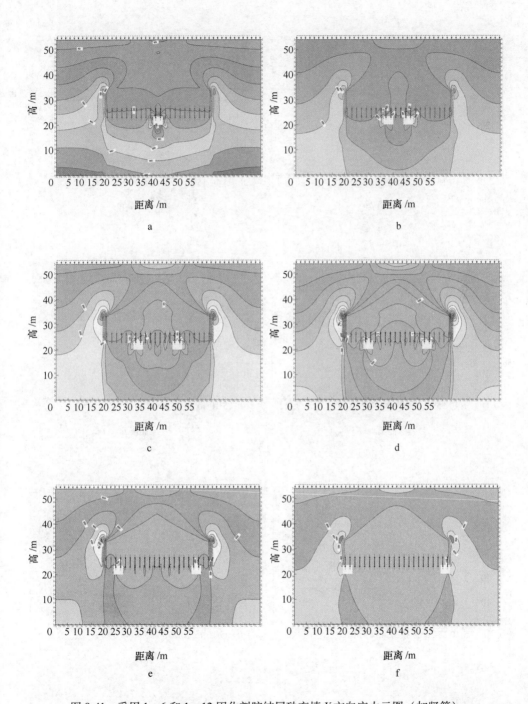

图 8-41 采用 1∶6 和 1∶12 固化剂胶结尾砂充填 Y 方向应力云图（加竖筋）
a—第一步开挖；b—第二步开挖；c—第三步开挖；d—第四步开挖；e—第五步开挖；f—第六步开挖

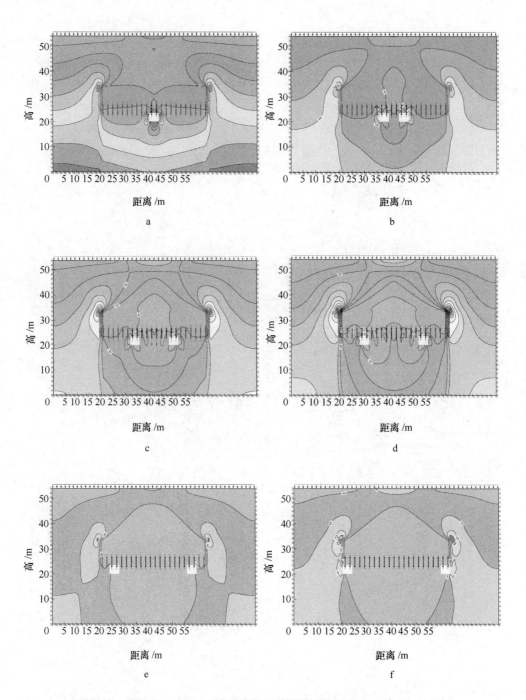

图 8-42　采用 1:4 和 1:8 水泥胶结尾砂充填 Y 方向应力云图（加竖筋）

a—第一步开挖；b—第二步开挖；c—第三步开挖；d—第四步开挖；e—第五步开挖；f—第六步开挖

8.5.5.2 位移分析

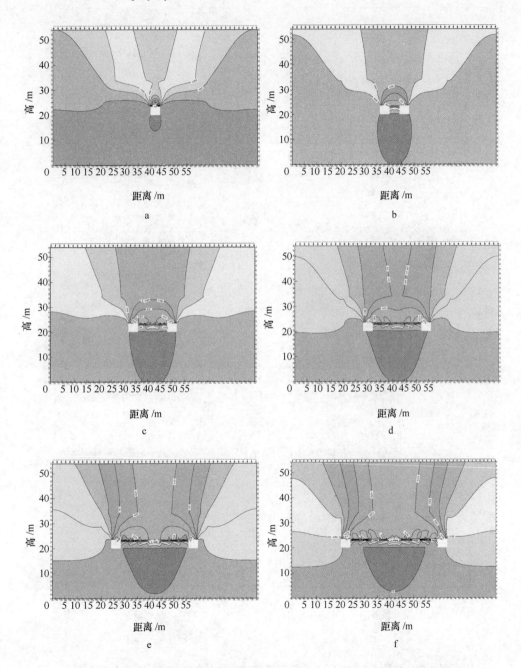

图 8-43 采用 1∶6 和 1∶12 固化剂胶结尾砂充填 Y 方向位移云图（不加竖筋）

a—第一步开挖；b—第二步开挖；c—第三步开挖；d—第四步开挖；e—第五步开挖；f—第六步开挖

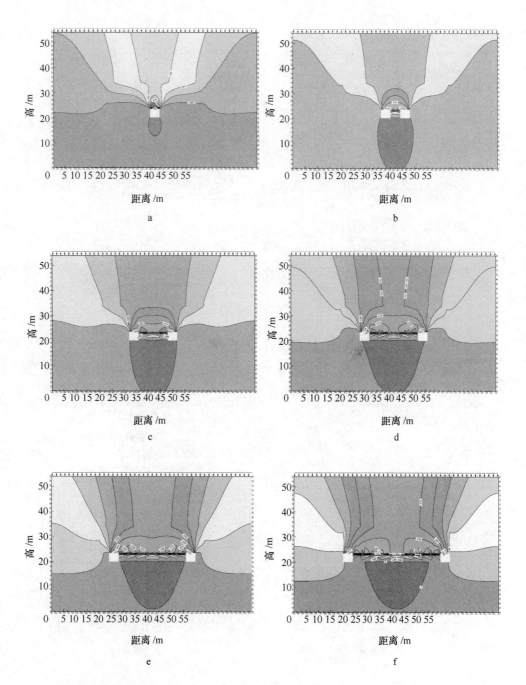

图 8-44　采用 1：4 和 1：8 水泥胶结尾砂充填 Y 方向位移云图（不加竖筋）
a—第一步开挖；b—第二步开挖；c—第三步开挖；d—第四步开挖；e—第五步开挖；f—第六步开挖

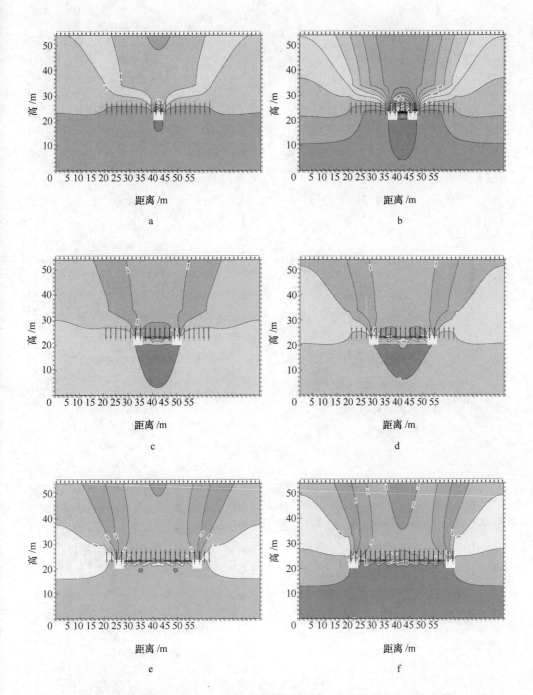

图 8-45　采用 1∶6 和 1∶12 固化剂胶结尾砂充填 Y 方向位移云图（加竖筋）
a—第一步开挖；b—第二步开挖；c—第三步开挖；d—第四步开挖；e—第五步开挖；f—第六步开挖

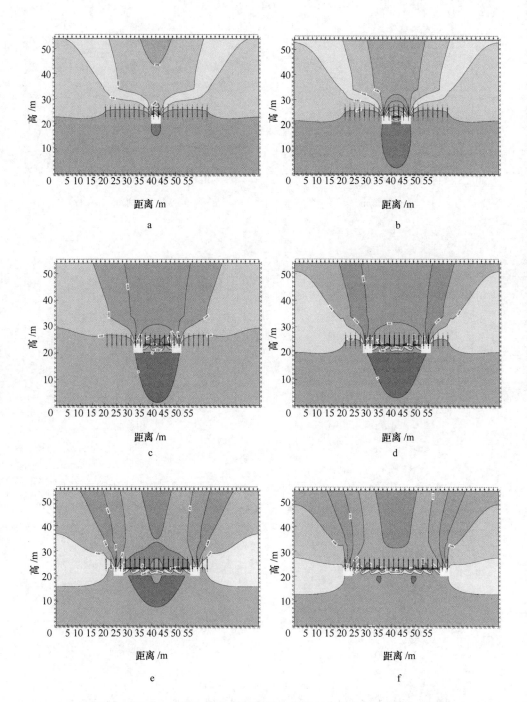

图 8-46 采用 1 : 4 和 1 : 8 水泥胶结尾砂充填 Y 方向位移云图（加竖筋）

a—第一步开挖；b—第二步开挖；c—第三步开挖；d—第四步开挖；e—第五步开挖；f—第六步开挖

8.5.5.3　塑性区分析

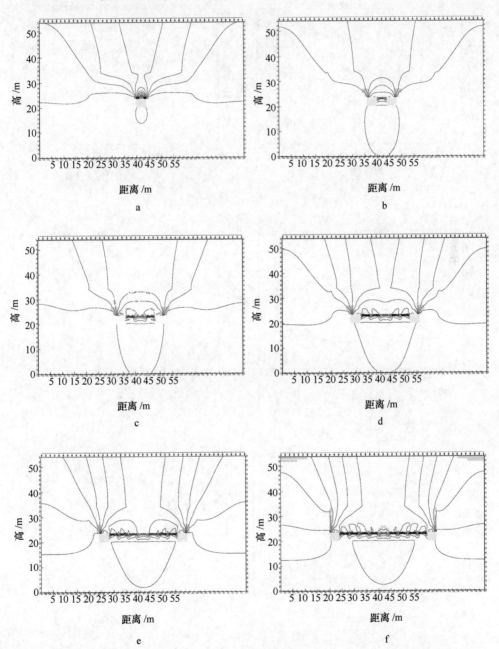

图 8-47　采用 1∶6 和 1∶12 固化剂胶结尾砂充填塑性区云图（不加竖筋）

a—第一步开挖；b—第二步开挖；c—第三步开挖；d—第四步开挖；e—第五步开挖；f—第六步开挖

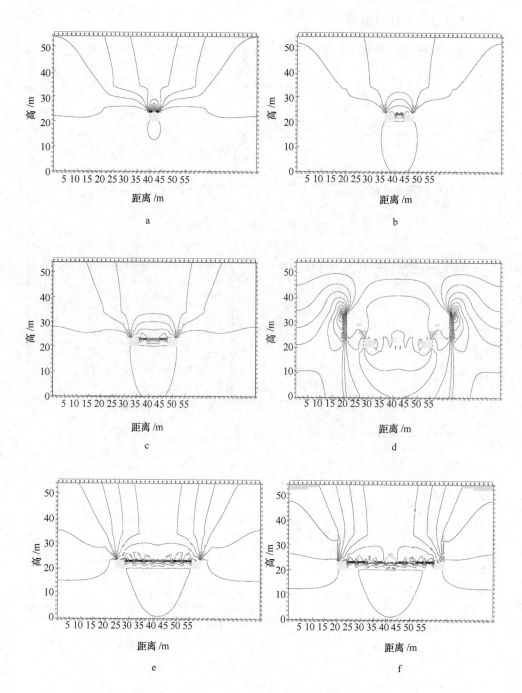

图 8-48　采用 1∶4 和 1∶8 水泥胶结尾砂充填塑性区云图（不加竖筋）

a—第一步开挖；b—第二步开挖；c—第三步开挖；d—第四步开挖；e—第五步开挖；f—第六步开挖

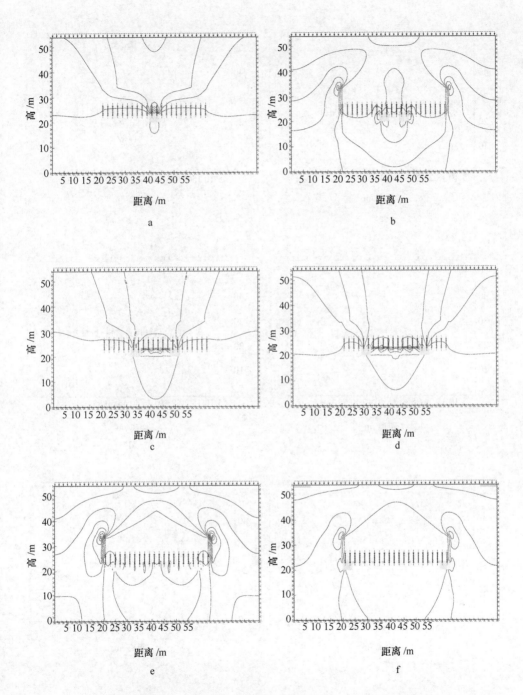

图 8-49 采用 1∶6 和 1∶12 固化剂胶结充填塑性区云图（加竖筋）

a—第一步开挖；b—第二步开挖；c—第三步开挖；d—第四步开挖；e—第五步开挖；f—第六步开挖

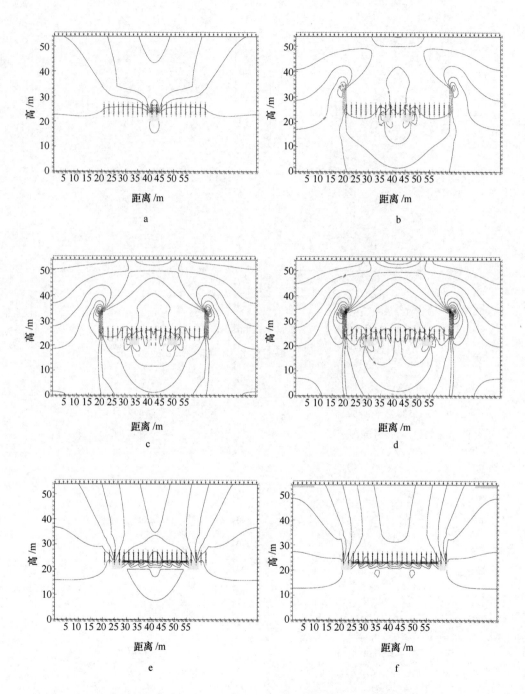

图 8-50　采用 1∶4 和 1∶8 水泥胶结尾砂充填塑性区云图（加竖筋）
a—第一步开挖；b—第二步开挖；c—第三步开挖；d—第四步开挖；e—第五步开挖；f—第六步开挖

8.5.5.4　结果分析

通过对上述四个充填方案的垂直方向应力、位移及塑性区进行分析，其分析结果如表8-18~表8-21所示。

表8-18　采用配合比为1：6和1：12固化剂胶结尾砂充填（不加竖筋）

开挖步骤	垂直方向位移/m	塑性区分布
1	0.006	顶板出现面积较小塑性区
2	0.012	侧帮充填体、顶板有塑性区
3	0.012	侧帮充填体、顶板有塑性区
4	0.014	侧帮充填体、顶板有塑性区
5	0.016	侧帮充填体、顶板有塑性区
6	0.016	顶板上方多层充填体出现塑性区，侧帮充填体有不同程度塑性区

表8-19　采用配合比为1：4和1：8水泥胶结尾砂充填（不加竖筋）

开挖步骤	垂直方向位移/m	塑性区分布
1	0.0065	顶板出现小面积塑性区
2	0.012	侧帮充填体、顶板有塑性区
3	0.014	侧帮充填体、顶板有塑性区
4	0.016	侧帮充填体、顶板有塑性区
5	0.016	上部两个分层顶板有塑性区、中间充填体矿柱出现不同程度塑性区
6	0.016	顶板上方多层充填体出现塑性区，中间充填体矿柱出现不同程度塑性区

表8-20　采用配合比为1：6和1：12固化剂胶结尾砂充填（加竖筋）

开挖步骤	垂直方向位移/m	塑性区分布
1	0.0045	无
2	0.008	无
3	0.008	侧帮充填矿柱有小块塑性区
4	0.01	侧帮充填矿柱有小块塑性区
5	0.01	侧帮充填矿柱有小块塑性区
6	0.01	侧帮充填矿柱有小块塑性区

表 8-21　采用配合比为 1∶4 和 1∶8 水泥胶结尾砂充填（加竖筋）

开挖步骤	垂直方向位移/m	塑性区分布
1	0.0045	无
2	0.008	无
3	0.01	顶板有小块塑性区
4	0.01	顶板和侧帮充填体出现小块塑性区
5	0.012	顶板和侧帮充填体出现小块塑性区
6	0.012	顶板和侧帮充填体出现小块塑性区，上覆围岩有塑性区出现

结果分析：

（1）采用配合比为 1∶6 和 1∶12 不加竖筋的固化剂胶结尾砂充填体。通过数值计算，分别对 6 个开挖步骤下固化剂胶结尾砂充填体作为第四分层回采顶板的稳定性进行了数值计算，计算结果表明：不加竖筋的充填体顶板，随着下部回采断面不断揭露，应力值较布设竖筋变化较大；通过位移分析，垂直方向上最大位移量为 0.016m；通过塑性区分析，其顶板和侧帮的充填体都出现了不同程度的塑性区，相较于布设竖筋条件下的顶板塑性区面积明显更大。

（2）采用配合比为 1∶4 和 1∶8 不加竖筋的水泥胶结尾砂充填体。通过应力分析，其结果与采用 1∶6 和 1∶12 不加竖筋的固化剂胶结尾砂充填一致；通过位移分析，其最大位移值同样为 0.016m；通过塑性区分析，其塑性区出现的位置与采用 1∶6 和 1∶12 不加竖筋的固化剂胶结尾砂充填体相近。

（3）采用配合比为 1∶6 和 1∶12 并且加有竖筋的固化剂胶结尾砂充填体。以现场监测的钢筋应力计读数施加到数值模型的竖筋上，计算结果表明：通过应力分析，顶板所受垂直方向上应力值在顶板的承受能力范围之内；通过对其垂直方向位移分析，得到至开挖结束顶板的垂直方向上位移量极小，最大位移值为 0.01m；通过对各回采步骤的塑性区分析，各回采步骤结束后顶板都未出现塑性区，在第 5、6 步回采过程中，侧帮充填体出现很小的塑性区，整体稳定性较好，能满足下部矿块回采稳定性的要求。

（4）采用配合比为 1∶4 和 1∶8 并且加有竖筋的水泥胶结尾砂充填体。以现场监测的钢筋应力计读数施加到数值模型的竖筋上，计算结果表明：通过应力分析，顶板所受垂直方向上应力值在顶板的承受能力范围之内；通过位移分析，其垂直方向位移计算结果同样与采用固化剂材料变化趋势相近，最大位移量为 0.012m；通过塑性区分析，其塑性区主要出现在侧帮的充填矿柱部分，顶板有少量小块塑性区，整体稳定性较好。

8.6　顶板裂隙状态

水泥胶结尾砂充填体顶板在自重应力、爆破振动等作用下经常产生不同深度和角度的裂隙，当裂隙达到某种状态时将导致水泥胶结尾砂充填体整体强度下降，容易发生顶板冒落事故，在开采过程中存在安全隐患，给生产带来严重威胁。所以若固化剂胶结尾砂充填体顶板出现裂隙时有必要进行充填体顶板裂隙探测。

从固化剂胶结尾砂充填体作为顶板的现场情况来看，顶板未出现裂隙，如图8-51所示，由此可见固化剂胶结尾砂充填体具有较好的稳定性。

图 8-51　固化剂胶结尾砂充填顶板

8.7　本章小结

本章主要通过试验采场对采用固化剂胶结尾砂充填体顶板的稳定性进行了研究，利用钢筋测力计、混凝土应变计以及振弦式压力计等试验仪器对充填体中竖筋受力、顶板充填体应变和回采进路木桩支护受力情况进行了监测，通过对监测结果分析得出了固化剂胶结尾砂顶板充填体受力变形的规律，得到了以下几点结论：

（1）从顶板竖筋受力变化曲线来看，充填体暴露为顶板之前，曲线较为平缓，说明充填体中的竖筋受力较小，变化不大；在充填体刚暴露为顶板时，曲线斜率较大，证明此时竖筋受力明显增大，竖筋对充填体起到了悬吊的作用；之后的一段时间，曲线又趋于平缓，说明随着充填体暴露时间的增长，充填体中竖筋受力变化不大，整个竖筋受力比较稳定，没有发生应力的突变，充填体顶板趋于稳定。

（2）对充填体中每个监测点竖筋上、中、下三个位置受力变化曲线进行对比，发现大多数竖筋下部所受拉力明显大于上部，说明竖筋与充填体之间的摩擦力对稳固顶板起了较大的作用。

（3）通过观察每个测点充填体应变曲线可以得到：在开始一个阶段，大多数曲线比较平缓，而且应变值较小，说明当下一分层未进行回采时，充填体变形较小；当充填体刚暴露为顶板时，曲线斜率陡增，说明这时充填体应变迅速增加；随着回采进程，曲线又趋于平缓，说明充填体应变保持在先前的水平，整个顶板充填体趋于稳定。

（4）对比同一监测点下部三个方向充填体的应变曲线，并结合充填体应变值，对于充填体顶板下部承载层最大主应变为拉伸应变，方向为水平面内垂直于分条轴线方向。

（5）通过对比每个测点上、中、下三个位置的充填体应变曲线发现，在沿回采进路方向，上部充填体产生基本属于受压变形，下部充填体产生受拉变形，这说明当充填体暴露为顶板以后，其变形方式呈梁弯曲变形，从而可以利用梁理论来分析充填体的变形规律。

（6）通过在木桩下面埋设压力计来观测顶板充填体对木桩的压力变化，从而分析顶板充填体的下沉规律，发现被监测的木桩所受压力很小，可以忽略不计，说明分条回采过程中，顶板充填体下沉量很小，没有对支撑顶板的木桩产生大的压力。

（7）对比布设竖筋和不布设竖筋对充填体顶板稳定性影响的数值模拟计算结果可知：布设竖筋条件下的顶板揭露后垂直方向位移值明显更小，位移值变化较为平缓，说明竖筋在充填体中起到了明显加固作用；采用固化剂的采场顶板在垂直方向上位移量更小，顶板没有塑性区出现；采用配合比为 1：6 和 1：12 的固化剂胶结尾砂充填体与 1：4 和 1：8 的水泥胶结尾砂充填体都能满足作为下分层回采顶板稳定性的要求。

（8）固化剂胶结尾砂充填体顶板未出现裂隙，顶板强度和稳定性较好，故未进行顶板裂隙状态探测及其强度降低试验。

⑨　爆破振动对固化剂胶充体
顶板稳定性影响分析

9.1　引言

　　凿岩爆破是采矿工程中不可或缺的施工技术手段。爆破是炸药中储存的化学能量集中释放、传递和做功的过程，炸药在固体介质中引爆时，引起冲击波和应力波将临近药包周围的介质粉碎、破裂，形成粉碎区、破碎区。在冲击波和应力波传播过程中表现出近似的特征，不同的是冲击波的衰减指数比应力波大，随着传播距离的不断增加，冲击波的能量急剧衰减。当冲击波到达粉碎区边缘，能量值损耗到一定程度后，冲击波衰减为应力波，应力波在传播过程中其能量也不断衰减，又演化成为地震波。由于能量的急剧耗散，地震波不能直接引起介质的破坏，而只能引起传播介质产生弹性振动。在下向分层胶结充填回采矿体过程中，当爆破振动幅值大于一定的数值时，将对其回采进路巷道的底板、侧帮及顶板产生扰动和损伤，甚至引起动力失稳破坏。因此，对爆破振动的危害应该给予重视，并采取措施尽可能控制和预防。

　　本章首先在固化剂胶结尾砂充填采场进行爆破振动测试试验，获取在爆破荷载作用下巷道岩体介质的振动特性，即质点的振动速度、振动加速度、振动主频率等，以及在传播过程中的衰减特征，并用质点振动法评价在爆破施工对回采进路巷道的稳定性的影响；然后利用现场测试的质点振动速度，通过数值软件模拟爆破振动过程中，巷道顶板动力响应过程；进而分析比较胶凝材料分别为水泥和固化剂时胶结充填体顶板的稳定性。

9.2　爆破振动安全判据

　　目前，各国多以质点振动强度判断在爆破振动条件下结构物或构筑物的稳定，尽管在选择评价质点振动强度参数标准上有所差异，但总结起来主要有以下三种：

　　（1）以质点振动加速度作为质点振动强度的参数标准。由于加速度可以直接反映作用力的大小，振动加速度和爆破振动产生的惯性力存在直接联系，可以换算爆破振动作用在建（构）筑物上的荷载值，从而可以进行相关的应力分析。因此，在爆破振动研究初期，国内外多以质点振动加速度作为质点振动强度的评价标准，但经过一段时间的实践发现，以振动加速度作为参数标准，不存在明显的变化规律，而且即使是相同类型的结构或同一量级的岩体，其质点振动加速度指标也存在较大差异。所以现阶段，不以质点振动加速度作为质点振动强度的参数标准，仅作为爆破振动安全评价的参考。

（2）以质点振动速度作为质点振动强度的参数标准。在地下爆破中，地下工程与爆源处于相同岩体，爆破对岩体产生破坏作用，主要由应力波反射和绕射所致，而由应力波反射、绕射所产生的应力与质点振动速度成正比，所以多数学者研究发现，岩体的损伤、破坏与质点振动速度存在直接的关联。在我国普遍通过对爆破振动的现场监测，并利用萨道夫斯基经验公式，线性回归得到与最大单响药量和爆源中心距离相关的质点振动速度经验公式，根据爆破装药量，及监测点距爆源的距离，来确定质点峰值振动速度，作为爆破振动安全评价的参数标准。

（3）以质点振动"速度-频率"作为振动强度的参数标准。由于爆破地震波是一种宽频带波，包含有一个或几个主要频率成分，不同频率成分对构（建）筑物、设备及人员的影响也存在明显的差异。爆破地震波的主要频率，多集中分布在低频段，如果结构体的固有频率与爆破地震波的主要频率相近，就会产生共振现象，从而放大对结构体的损伤，所以对爆破振动的频率特性应引起足够的重视。随着对爆破振动研究的深入，多国在制定爆破振动的安全评价标准时，都以质点振动"速度-频率"共同作用为评价标准。我国在《爆破安全规程》（GB 6722—2011）中，所规定的爆破振动安全评价标准，均以保护对象所在地，基础质点峰值振动速度和主振频率作为评价标准参数。

因此，首先通过现场监测，将现场采集的爆破振动监测数据，通过萨道夫斯基经验公式线性回归分析确定相关参数的取值，从而获得质点峰值振动速度方程，再根据《爆破安全规程》（GB 6722—2011）对铜矿的工程爆破振动进行安全评价。

9.3　爆破振动监测与分析

目前，矿山采用下向分层胶结充填法回采矿体，以固化剂作为胶凝材料充填，现有工程爆破产生的爆破振动是否会损伤爆区附近顶板，进而影响回采进路巷道的稳定性。为了确切地了解该矿山爆破地震波传播的特性，测算出爆区附近岩土体介质的振动强度；同时也为固化剂胶结尾砂充填大规模应用后，回采矿体的工程爆破设计提供技术支持，尽可能将爆破振动的影响降到最小，消除安全隐患，确保采场的稳定及附近重要设施的正常运行。故对采场进行爆破振动效应研究，通过对爆破振动现场监测，获得爆破振动的相关数据，进而分析计算得出工程爆破地震波传播规律特征。

9.3.1　测试仪器

爆破振动测试所使用的仪器为 BlastMate Ⅲ 型测振仪。BlastMate Ⅲ 型测振仪具有操作简便，工作稳定，数据可靠度高等突出优点。

测振仪主要由固化程序的电子计算机、蓄电池、逆变器、三维测振传感器（拾震器）和噪声测试麦克风等组成。如图 9-1 所示。

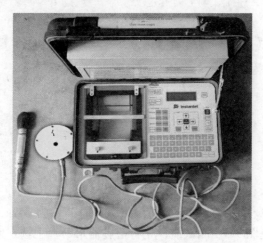

图 9-1　BlastMate Ⅲ 型测振仪

本次测试中的 BlastMate Ⅲ 型测振仪的主要技术参数为：

（1）触发方式：自动触发；

（2）触发水平：0.65mm/s、1mm/s；

（3）监测方式：连续监测方式；

（4）采样率：2048；

（5）通频带：2~300Hz；

（6）速度误差：<0.1mm/s；

（7）加速度误差：<0.001g；

（8）位移误差：<0.001mm；

（9）单个事件的记录时间：5s。

9.3.2　爆破振动效应监测

本次爆破振动测试试验在第四试验分层 D 分条中进行，如图 9-2 所示。测点布置在巷道的底板，巷道的侧帮为矿岩体，顶板是以新型固化剂作为胶凝材料，采用原方案充填的胶结充填体，即承载层是配合比 1∶6 的固化剂胶结尾砂充填体，承载层上方为配合比 1∶12 的固化剂胶结尾砂充填体。据相关文献可知，巷道底板上爆破振动信号能量幅值要大于顶板上的能量幅值，所以为了采集影响最大的爆破振动能量信号，测试时我们将传感器放置于试验分条底板上，将测振仪绑缚在就近的支柱上，安装时确保传感器水平放置，其表面的箭头指向爆源中心。

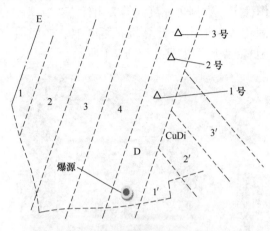

图 9-2　爆破振动监测平面图

本次爆破分 23 个炮孔装药，分 7 段爆破，总药量为 24kg，单段最大药量为5.6kg。测点布置见图 9-3。测试前，先将拾震器水平于选定监测点，拾震器上的方位指示箭头需对准爆源中心；再用准备好沙袋压在拾震器的正上方使其固定，具体安装如图 9-4 所示。

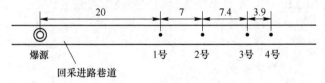

图 9-3　测点布置图

图 9-4　测试仪器安装及测试

经过测试，得到 1 号、2 号、3 号、4 号测点的最大振速、主振频率、最大位移、最大加速度、最大三维合成振速、距爆源的最近距离等数据见表 9-1 和表 9-2，其中 T、V、L 分别表示切向、垂向、径向。

表 9-1 1 号、2 号测点测试数据

参数	1 号测点			2 号测点		
	T	V	L	T	V	L
最大振速/cm·s^{-1}	0.890	2.400	0.940	1.003	1.918	1.435
主振频率/Hz	146	82	108	158	137	146
最大位移/mm	0.228	0.055	0.269	0.070	0.029	0.058
最大加速度/m·s^{-2}	1.326g	2.121g	0.742g	0.954g	1.591g	1.220g
最大三维合成振速/cm·s^{-1}	2.440			2.131		
距爆源最近水平距离/m	20			27		

表 9-2 3 号、4 号测点测试数据

参数	3 号测点			4 号测点		
	T	V	L	T	V	L
最大振速/cm·s^{-1}	0.762	1.803	0.787	0.533	1.245	0.495
主振频率/Hz	171	68	62	171	114	54
最大位移/mm	0.011	0.027	0.017	0.019	0.019	0.010
最大加速度/m·s^{-2}	0.795g	1.856g	0.636g	0.583g	0.954g	0.583g
最大三维合成振速/cm·s^{-1}	1.818			1.309		
距爆源最近水平距离/m	34.4			38.3		

9.3.3 萨道夫斯基经验公式的线性回归

爆破工程中，评价爆破振动对地下开挖工程的稳定性影响，多采用质点振动法，爆破振动引起的质点振动速度与地形、地质条件及爆破装药量直接相关，在对工程爆破安全评价中，普遍采用萨道夫斯基公式（9-1）获得质点峰值振动速度方程，通过现场采集爆破振动数据，再通过线性回归分析，分析确定 K、α 的取值。

$$v = K\left(\frac{Q^{1/3}}{R}\right)^{\alpha} \tag{9-1}$$

式中 v——质点振动最大速度，cm/s；

　　K，α——与岩土特性有关的经验系数值；

　　Q——单段最大药量，kg;

　　R——测点距爆源中心距离，m。

　　将现场爆破实测的质点振动最大三维合成速度 v，与其对应的单段最大药量 Q，监测点距爆源中心距离 R，代入式中（9-1），通过粒子群算法，采用 Matlab 进行编程计算，得到最优待定系数值为 $K=30$，$\alpha=1.30$，进而得到质点最大振速 v 的方程见式（9-2）。

$$v = 30\left(\frac{Q^{1/3}}{R}\right)^{1.30} \tag{9-2}$$

　　质点振动最大三维合成速度 v，与其对应的单段最大炸药量 Q 及监测点距爆源中心距离 R 的组合式值的散点分布及线性回归见图 9-5。

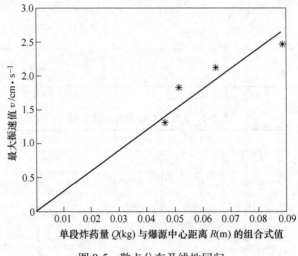

图 9-5　散点分布及线性回归

　　参照《爆破安全规程》（GB 6722—2011）规定，隧道和巷道的爆破振动控制点应距离爆源 10~15m 处，保护对象类别采用新浇混凝土（C20，养护龄期：3~7d），振动频率>50Hz 爆破振动安全允许标准，作为回采进路巷道顶板胶结充填体的爆破振动安全评价标准，即质点峰值安全振动速度为 5.0~7.0cm/s。由式（9-2）计算得出本次工程爆破距离爆源 10m 处的质点峰值振速仅为 3.17cm/s，小于安全标准规定的安全振速。由此可得出，工程爆破对巷道胶结充填体顶板的稳定性不会产生影响。

9.4　爆破振动数值分析

　　FLAC[3D]数值分析软件具有强大的动力分析功能，可以进行三维的完全动力分析。其采用完全非线性分析方法，基于显式差分计算，以动力荷载作用区域周围介质真实密度，计算得出模型划分网格节点的集中质量，求解运动方程。在岩土动力学分析中，FLAC³ᴰ凭借其求解动力问题的优势，使得非线性动力分析问题可很好地解决。FLAC³ᴰ已成功应用于模拟岩土体在外部（如地震等），内部（如爆炸等）动荷载作用下的完全非线性响应分析的许多领域。

　　为研究在爆破过程中，爆破振动对胶结充填体的影响，笔者依据现场实测的爆破振动数据，通过 FLAC³ᴰ 数值分析软件，模拟在爆破过程中回采进路巷道顶板胶结充填体的动力响应。

9.4.1　数值模型

　　为提高数值模拟的准确性，整个模型的尺寸设计为回采断面尺寸的5倍，巷道上部布置4层胶结充填体。回采进路断面尺寸4m×3.5m（宽×高），进路长度设计20m，通过分析最终确定计算模型几何尺寸44m×20m×33m（长×宽×高）。在使用 FLAC³ᴰ 进行非线性动力反应分析时，应考虑输入波形的频率成分和岩土体的波速特性，其会影响波传播的数值精度。Kuhlemeyer 和 Lysmer（1973年）的研究表明，网格的尺寸小于输入波形最高频率对应波长的 1/10~1/8，可精确模拟波在模型中的传播。因此，胶结充填体和巷道周围局部矿岩体划分网格最小尺寸为 0.4m，其余部分划分网格最小尺寸为 1.0m，整个数值模型及网格划分见图9-6，其中 Y 轴为爆破地震波传播方向。岩体和胶结充填体的物理力学参数分别见表9-3和表9-4。

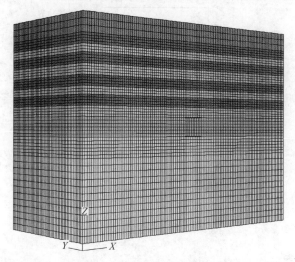

图 9-6　数值模型及网格划分

表 9-3　岩体物理力学参数

岩体	密度 /kN·m⁻³	弹性模量 /GPa	泊松比	抗压强度 /MPa	抗拉强度 /MPa	内聚力 /MPa	内摩擦角 /(°)
矿体	33.89	10.63	0.26	9.74	1.00	1.56	54.5
围岩	25.87	20.83	0.20	8.39	0.91	1.38	53.6

表 9-4　胶结充填体物理力学参数

胶结充填体		密度 /kN·m⁻³	弹性模量 /GPa	泊松比	抗压强度 /MPa	抗拉强度 /MPa	内聚力 /MPa	内摩擦角 /(°)
胶凝材料	配合比							
水泥	1:8	17.50	0.42	0.27	1.86	0.15	0.22	25.71
	1:4	16.70	0.69	0.24	4.07	0.30	0.64	37.85
尾砂胶结剂	1:12	16.90	0.39	0.31	1.89	0.13	0.24	33.38
	1:6	16.50	0.63	0.25	4.17	0.32	0.71	41.37

　　由于在动力分析中，数值模型的区域边界可能造成外传波的反射，这将对数值模拟结果的可靠性产生一定影响。为了消除外传波反射的影响，本书数值模型的区域边界设置了 Kuhlemeyer 和 Lysmer 提出的黏性（不反射）边界，如图 9-7 所示。本次数值模拟基于回采进路巷道，属于地下工程，因此在模型中上、下，左、右，前、后 6 个侧面均设为黏性边界。

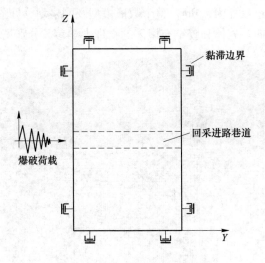

图 9-7　数值模型的边界条件

9.4.2　动力荷载

　　动力荷载的施加是研究胶结充填体在爆破振动作用下动力响应的基础。在本次数值模拟中，输入动力的荷载直接采用现场 1 号监测点测得的持续时间 1.5s 内的质点振动速度。速度-时程曲线，如图 9-8 和图 9-9 所示。由于数值模型区域边界设置了黏滞边界，在动力分析中，速度与加速度不能直接作用在数值模型的区域边界，因此，需依据式（9-3）和式（9-4）将速度换算成应力后，再施加在

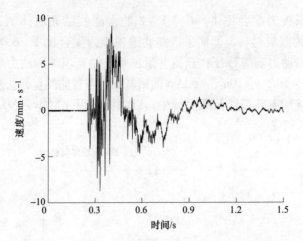

图 9-8　1 号测点实测水平径向振动时程曲线

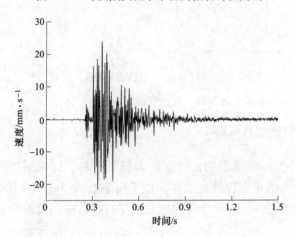

图 9-9　1 号测点实测垂直径向振动时程曲线

数值模型的区域边界上。

$$\sigma_n = -2(\rho C_P)v_n \tag{9-3}$$

$$\sigma_s = -2(\rho C_S)v_s \tag{9-4}$$

式中　σ_n——施加在静态边界上的法向应力，MPa；

　　　σ_s——施加在静态边界上的切向应力，MPa；

　　　ρ——介质密度，kg/m³；

　　　C_p——P 波波速，m/s；

　　　C_S——S 波波速，m/s。

9.4.3　数值模拟方案

将采用 FLAC³ᴰ 分别模拟施加动力荷载过程中：（1）以水泥为胶凝材料，即回采进路巷道顶板为配合比 1∶4 与 1∶8 的水泥胶结充填体的动力响应特征；
（2）以固化剂为胶凝材料，即回采进路巷道顶板为配合比 1∶6 与 1∶12 的固化
剂胶结充填体的动力响应特征；获得巷道顶板胶结充填体的动力响应特征，主要
通过在模型的 $y=5m$、$y=10m$、$y=15m$ 的横截面上布置监测点，监测点布置如图 9-
10 所示，监测施加爆破振动荷载过程中，以水泥和固化剂作为胶结充填体顶板的
质点振动速度来实现。

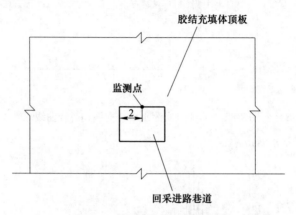

图 9-10　模型横截面监测点布置

9.4.4　数值模拟结果及分析

由 FLAC^{3D} 数值模拟得到的，以水泥为胶凝材料，即回采进路巷道顶板为配
合比 1∶4 与 1∶8 的水泥胶结充填体，位于模型上 $y=5m$、$y=10m$、$y=15m$ 处横
断面上的各监测点的 x、y、z 方向的振动速度时程曲线，见图 9-11~图 9-13。

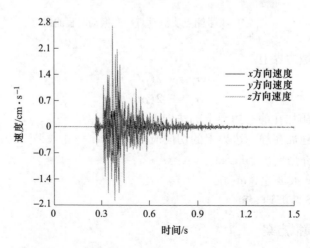

图 9-11　水泥采场 $y=5m$ 横断面上监测点 x、y、z 方向的振动速度时程曲线

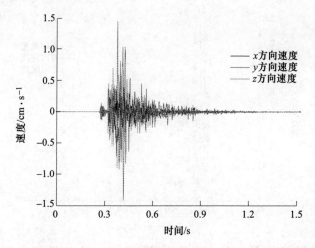

图 9-12　水泥采场 $y=10\mathrm{m}$ 横断面上监测点 x、y、z 方向的振动速度时程曲线

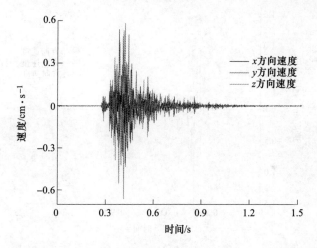

图 9-13　水泥采场 $y=15\mathrm{m}$ 横断面上监测点 x、y、z 方向的振动速度时程曲线

由 FLAC^{3D} 数值模拟得到的，以固化剂为胶凝材料，采用回采进路巷道顶板为配合比 1:6 与 1:12 的固化剂胶结充填体，位于模型上 $y=5\mathrm{m}$、$y=10\mathrm{m}$、$y=15\mathrm{m}$ 处横断面上的各监测点的 x、y、z 方向的振动速度时程曲线，见图 9-14~图 9-16。

从图 9-11~图 9-14 可以看出，随着监测点与爆源中心的距离逐渐增加，模拟质点振动速度峰值总体呈现减小的趋势，与实际情况下爆破地震波传播的衰减规律一致。两种不同胶凝材料充填下，各横断面胶结充填顶板上监测点上的峰值振动速度见表 9-5。从 $y=5\mathrm{m}$、$y=5\mathrm{m}$、$y=15\mathrm{m}$ 横断面上监测的质点峰值振速可以看出，在相同的爆破振动荷载作用下，以固化剂为胶凝材料的回采进路巷道胶结充填体顶板的 x、y、z 方向的峰值振动速度略大于以水泥为胶凝材料的巷道胶结充填体顶板。

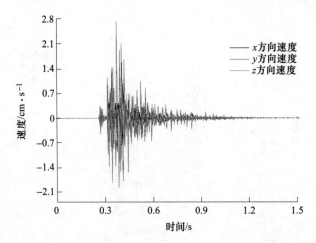

图 9-14　固化剂采场 $y = 5$m 横断面上监测点 x、y、z 方向的振动速度时程曲线

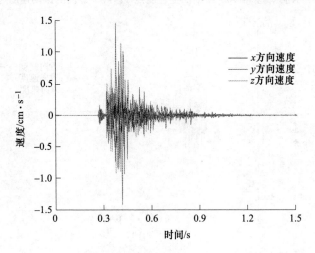

图 9-15　固化剂采场 $y = 10$m 横断面上监测点 x、y、z 方向的振动速度时程曲线

表 9-5　监测点峰值振动速度

监测点位置	胶凝材料	质点峰值振动速度/cm · s^{-1}		
		x 方向	y 方向	z 方向
$y = 5$m 横断面	水泥	0.971	2.707	1.272
	固化剂	0.983	2.755	1.339
$y = 10$m 横断面	水泥	0.484	1.439	0.891
	固化剂	0.517	1.457	0.926
$y = 15$m 横断面	水泥	0.274	0.543	0.664
	固化剂	0.294	0.565	0.735

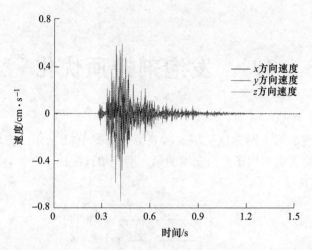

图 9-16　固化剂采场 $y=15\mathrm{m}$ 横断面上监测点 x、y、z 方向的振动速度时程曲线

9.5　本章小结

（1）通过对现场爆破振动监测数据的采集，及根据萨道夫斯基经验公式对采集的数据进行线性回归分析，计算出了适合于铜矿的与岩土特性有关的经验系数 K、α，K 值为 30、α 值为 1.30，从而得到爆破振动质点峰值振动速度方程。本次工程爆破距离爆源 10m 处的质点峰值振速仅为 3.17cm/s，小于安全标准规定的安全振速，满足《爆破安全规程》的要求。

（2）将监测得到的爆源近点质点振动速度作为动力荷载，通过 FLAC^{3D} 数值模拟得出，固化剂胶结尾砂充填体顶板的爆破振动响应特征近似于采用水泥胶结尾砂充填体顶板的爆破振动响应特征。

（3）固化剂胶结尾砂充填体采场爆破作业时，爆破振动对巷道胶结充填体顶板的稳定性不会产生影响，因此可沿用原有工程爆破设计。

⑩　发泡剂接顶优化

原设计方案中第三期充填采用水砂充填，如图 10-1 所示，充填过程中发现接顶效果差。将发泡剂用于矿山充填的第三期充填，配比不变，将浆体浓度提高至 79%，如图 10-2 所示。

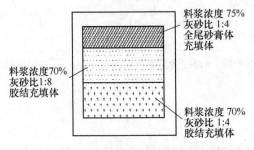

图 10-1　原充填方案示意图

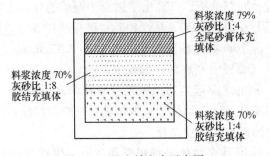

图 10-2　现充填方案示意图

10.1　发泡剂性能指标测试

10.1.1　试验材料及设备

10.1.1.1　试验材料

发泡剂也叫作起泡剂，它可以分为物理发泡和化学发泡，也可以分为金属发泡剂和非金属发泡剂。物理发泡是采用机械的方式搅拌或者压缩空气的方式使发泡剂溶液产生大量气泡的方法；化学发泡是发泡剂溶液经过化学反应产生气体，使其形成稳定、细小的泡沫；金属发泡剂是指铝粉、锌粉等，非金属发泡剂包括蛋白质发泡剂、松香胶型发泡剂、复合型发泡剂等。发泡剂的性能对试件的强度影响较大，所以选择稳定性好、发泡倍数佳的起泡剂是关键。

本次试验选择了两种常见的发泡剂，第一种，蛋白型发泡剂，编号为 A；第二种，植物源复合发泡剂，编号为 B。蛋白水解后，通过特定手段进行加工就形成了蛋白型发泡剂。植物源复合发泡剂是以热带植物棕榈果仁为最初原料，溶液已经含有稳泡剂成分。两种起泡剂物理参数分别见表 10-1 和表 10-2。

表 10-1　蛋白型发泡剂物理参数

项　目	指　标
外观（25℃）	无色至微黄色黏稠液体
pH 值	6.0~8.5
活性物含量/%	≥25
固含量/%	≥28
凝固点/℃	≤0

表 10-2　植物源复合发泡剂物理参数

项　目	指　标
外观（25℃）	无色至微黄色黏稠液体
pH 值	6.5~7.5
活性物含量/%	≥30
固含量/%	≥33
凝固点/℃	≤0

10.1.1.2　试验设备

泡沫的制备需要设备包括：起泡机、滴管、量筒、勺子等，见图 10-3 和图 10-4，其中发泡机的性能参数见表 10-3。

图 10-3　起泡机

图 10-4　制备泡沫的其他设备

表 10-3　起泡机的性能参数

项目	转速/r·min⁻¹	额定功率/W	电压/V
起泡机	11000~22000	230	220

10.1.2　稀释倍率

为了得到稳定、均匀、细腻的泡沫，试验时需要将发泡剂原液与水稀释成发泡剂水溶液。稀释后的发泡剂水溶液和原液的质量比就称为发泡剂的稀释倍率，具体见式（10-1）。

$$\omega = \frac{m_1}{m_2} \tag{10-1}$$

式中，ω 表示稀释倍率；m_1 表示发泡剂水溶液质量；m_2 表示原液质量。

本试验采用了两种发泡剂：蛋白型发泡剂与植物源复合发泡剂。分别取原液 2g 将其稀释，倍数分别为 45、50、55、60、65、70 及 75 倍，配置发泡剂溶液过程见图 10-5，试验配比见表 10-4。试验测试时与发泡倍数结合起来。

图 10-5　发泡剂及配置发泡剂溶液

表 10-4　试验泡沫水溶液配比

起泡剂类型	温度/℃	起泡剂量/g	水/g						
			45 倍	50 倍	55 倍	60 倍	65 倍	70 倍	75 倍
A/B	18	2	90	100	110	120	130	140	150

10.1.3　发泡倍数

发泡倍数是表征发泡剂稳定性的重要因素。根据技术要求，发泡剂的倍数需要大于 20 倍，发泡倍数不仅是确定起泡剂性能优劣的重要指标，而且直接影响充填成本。但是过大的发泡倍数易使得泡沫液膜薄，如果泡沫液膜薄容易产生消泡现象，所以合适的发泡倍数是重中之重。

本试验将 A、B 两种起泡剂分别称取 2g，加入水量分别为溶剂的 45、50、55、60、65、70 及 75 倍，采用高速搅拌机打泡至泡沫细腻、均匀，之后将其分别倒入量筒内，观察并记录。共 14 组，发泡后体积见表 10-5。

表 10-5　不同倍率起泡剂发泡后体积

起泡剂类型	温度/℃	起泡剂量/g	发泡后体积/mL						
			45 倍	50 倍	55 倍	60 倍	65 倍	70 倍	75 倍
A	18	2	381	425	454	482	510	521	585
B	18	2	381	426	460	490	530	538	600

由表 10-5 可知，两种发泡剂加入水量为 45、50 倍时，发泡后的体积较相近，随着加入水量的增加，B 型发泡剂的发泡体积明显比 A 型发泡剂大。从经济角度来考虑，适宜选用 B 型发泡剂。

10.1.4　沉降距的测定

沉降距指的是一定时间下溶液沉降的距离。沉降量是判断发泡剂优劣的重要指标，所以沉降量的测量是试验前的必须工作。

10.1.4.1　试验过程

本试验将 A、B 两种起泡剂分别称取 2g，加入称量好的水，调制成溶液。拌和成溶液浓度为 1.5%、1.8%、2.1%、2.4%、2.7%、3%、3.3%，然后用高速搅拌机打泡至泡沫细腻、均匀，打泡结束后立即将泡沫倒入事先贴好标签的量筒内，依据量筒刻度线观察泡沫体积大小并记录，然后隔 10min、30min、60min 读取沉降后体积值并记录。试验过程如图 10-6 所示。

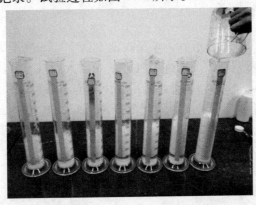

图 10-6　沉降量测试试验过程

试验统计结果如表 10-6 和表 10-7 所示。相应的绘制成曲线如图 10-7 和图 10-8 所示。

表 10-6　A 型发泡剂不同浓度下沉降数据

浓度/%	沉降量/mm		
	10min	30min	60min
1.5	16	35	38
1.8	24	32	35
2.1	18	20	24
2.4	20	27	30
2.7	22	28	33
3	23	30	35
3.3	26	38	52

表 10-7　B 型发泡剂不同浓度下沉降数据

浓度/%	沉降量/mm		
	10min	30min	60min
1.5	18	35	40
1.8	25	31	35
2.1	16	26	28
2.4	6	18	21
2.7	10	25	29
3	18	27	35
3.3	25	35	50

10.1.4.2　结果分析

根据试验数据及曲线图可知，A 型发泡剂前 30min 浓度为 1.5%沉降速度最快，之后变缓。随着调制浓度增加，沉降量先增大后减小。浓度为 3.3%时，沉降量最大，浓度为 2.1%时，沉降量最小，说明泡沫最稳定，所以 A 型发泡剂最优调制浓度为 2.1%。B 型发泡剂调制浓度为 1.8%时，60min 内总体趋势较缓，与 A 型发泡剂一致，随着浓度增加，沉降量先增大后减小。调制浓度为 3.3%时沉降量最大，浓度为 2.4%时 60min 内的沉降量最小，所以 B 型发泡剂宜选用调制浓度为 2.4%的溶液。

经过试验数据分析，可知 B 型发泡剂 60min 内沉降量都比 A 型发泡剂沉降量小，特别是 10min 时，B 型发泡剂沉降量只为 A 型发泡剂的 33.3%。通过沉降量

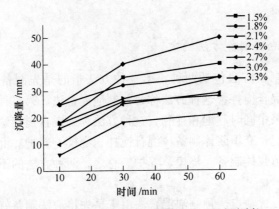

图 10-7 时间与沉降量关系曲线（A 型发泡剂）

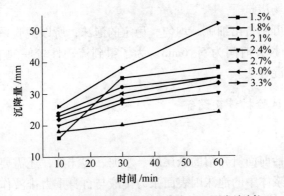

图 10-8 时间与沉降量关系曲线（B 型发泡剂）

及经济性最终选择 B 型发泡剂最为试验外加剂。

10.2 发泡剂对浆体流动度影响

充填浆体的水力输送，涉及流体力学的多个领域。通常浆体浓度小于 70% 的充填浆体属于非牛顿流体，而膏体充填则属于塑性结构流体。膏体充填指的是由一种或者多种充填材料与水在一定配比下拌和，最终形成具有良好的流动性、可塑性、稳定性、"无临界流速"的牙膏状胶结体，在重力或者外力作用下以柱塞流的形式送入井下的技术。该铜矿三期充填浓度达到了 75%，笔者通过加入发泡剂将浆体浓度提高到了 79%。所以三期充填属于全尾砂膏体充填。全尾砂膏体充填料是塑性结构流体，因此，可作为塑性结构流体流变力学问题考虑。

10.2.1 泡沫充填体流动度试验

在充填过程中，充填浆体的流动性直接影响浆体流满整个充填区域的均匀密实效果及接顶质量。

10.2.1.1　泡沫制备方法确定

泡沫充填体制备方法包括两种：第一种方法指的是先制备好泡沫和充填浆体，然后将它们混合搅拌，这种方法称为预制泡混合法。第二种方法指的是将起泡剂直接加入砂浆中同时起泡和拌和，这种方法称为混合搅拌法。预制泡混合法的步骤包括：起泡、充填浆体制备、混合搅拌、浇模、养护。混合搅拌法的步骤包括：起泡剂充填浆体制备、浇模、养护。总之，两种方法的不同之处为起泡的顺序。

两种方法各有优缺点。预制泡混合法由于是先将泡沫制备好，所以容易造成浪费，优点是流动性好适合远距离泵送；混合搅拌法不易造成浪费，但是不适合远距离泵送、现场浇筑。

高速搅拌法可制备出细腻、均匀、稳定的泡沫，所以试验采用了高速搅拌机功率为：230W，搅拌时间为 5~6min。为了得到流动性较好的泡沫胶结充填体，试验选择预制泡混合法。

10.2.1.2　试验材料及设备

A　试验材料

试验材料包括前面所介绍的全尾砂、水泥、泡沫剂，还需要速凝剂。速凝剂是为了防止充填浆体中的泡沫因表面张力排液与自身重力排液作用导致泡沫液膜变薄情况，液膜变薄易导致泡沫支撑不住浆体，从而使得在充填浆体初凝之前泡沫破灭。破灭的泡沫必会增大充填浆体泌水率和沉降率，严重的将导致塌模。所以为了提高充填体强度及泡沫在充填浆体中的完整性、均匀性，采用速凝剂能加速试件结构的发展。试验采用南方化工生产的速凝剂，主要成分为铝氧熟料（即铝矾土、纯碱、生石灰等），具体参数见表 10-8。

表 10-8　速凝剂参数值

细度/%	初凝/min	终凝/min	含水率/%	1d 抗压强度/MPa	28d 抗压强度/MPa
12.7	3~4	7~11	<1.5	>8	>70

B　试验设备

制备泡沫充填浆体的仪器设备主要包括：电动跳桌、搅拌机、起泡机、电子秤、烧杯等。其中混凝土搅拌机、起泡机等前面已经介绍。这里主要介绍电动跳桌。

电动跳桌是用于胶砂的流动度测定的仪器。它主要包括了跳动系统与机架部分，具体如图 10-9 所示。其中跳动系统主要包括圆盘桌面和推杆，圆盘直径是300mm，表面由 6 条同时穿过中心的直线组成，6 条直线主要是为了测量方便，推杆部分与凸轮相连，当电动机转动时，推杆部分将有规律的上下运动，其中落距为 10mm，给胶砂施加外力。机架部分包括圆盘底座和电动机，圆盘底座直径为 250mm。本次试验采用是 NLD-3 型水泥胶砂流动度测定仪，其参数如表 10-9所示。

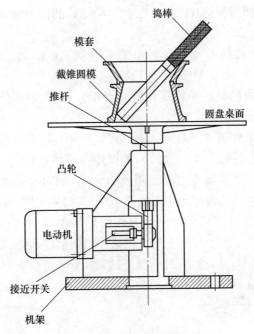

图 10-9　流动度测定仪结构示意图

表 10-9　NLD-3 型跳桌参数

项目	振动部分总量/kg	振动部分落差/mm	振动频率/Hz	振动次数	净重/kg
参数值	4.35±0.15	10±0.2	1	25	20

10.2.1.3　试验原理及方法

A　试验原理

通过分别测定添加发泡剂前后全尾砂膏体充填浆体在规定振动状态下的扩展范围，即直径的增加来衡量其流动性。全尾砂胶结充填浆体在管道输送时会受到挤压与振动外力，而流动度测定仪能够反映充填浆体在外力作用力下的流动特性，所以流动度测定仪满足工程实际对充填浆体流动性的要求。本次试验参照

GB/T 2419—2005《水泥胶砂流动度测定方法》实施。

　　B　试验方法

　　（1）如果仪器（流动度测定仪）在 24h 内未工作，需让其空跳一个周期（25 次）。

　　（2）让搅拌机处于待工作状态，然后将称好的水、水泥加入锅中，固定好搅拌锅并将其升至一定位置。

　　（3）启动低速挡搅拌 30s，在第二个 30s 开始的同时放入称量好的全尾砂，然后高速挡搅拌 30s。

　　（4）停拌 90s，将搅拌锅及叶片上的砂浆刮入锅中间，然后启动高速挡搅拌 60s。

　　（5）在制备砂浆的同时，需要将跳桌台面、试模内壁等与充填浆体接触的用具用湿抹布擦拭。

　　（6）制备好的浆体迅速分层放入截锥圆模，第一层装入截锥圆模 2/3 处，用刀在垂直两个方向上各划 5 次，之后采用捣棒由试模边缘向中心振捣 15 次；然后装入第二层浆体，浆体需高出截锥圆模 20mm，用刀在垂直两个方向上各划 5 次，之后采用捣棒由试模边缘向中心振捣 10 次。捣实如图 10-10 所示。

　　（7）捣压结束，提起模套，用小刀倾斜地从中间向边缘将充填浆体抹平，让其与模具上部齐平，擦净台桌上的充填浆体，最后将截锥圆模平稳地提起，启动跳桌，以 1s/次频率，跳动 25 次。整个试验需在 6min 内完成，如超出 6min 应重做。试验过程如图 10-11 所示。

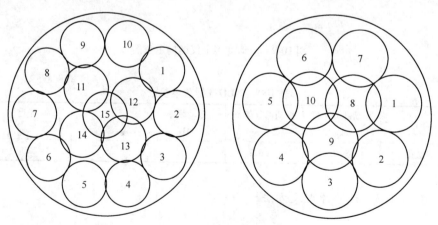

图 10-10　捣实示意图

10.2.1.4　试验结果

　　表 10-10 为加入不同百分比的发泡剂在不同浓度、相同配合比情况下充填浆

图 10-11 流动度测定试验过程

体流动度测试结果，图 10-12 为加入发泡剂量与流动度的关系曲线。

表 10-10 充填浆体流动度测试结果

发泡剂量/%	配合比	浓度/%	流动度/mm
0	1:4	75	221.75
		77	215.12
		79	200.18
1.5	1:4	75	248.18
		77	246.11
		79	231.23
2.5	1:4	75	252.23
		77	249.12
		79	234.76
3.5	1:4	75	258.14
		77	253.47
		79	238.71
4.5	1:4	75	263.68
		77	259.18
		79	242.67

注：表中发泡剂量指的是占试样中水泥量的百分比。

由表 10-10 与图 10-12 可知，加入发泡剂充填浆体的流动度值均大于未加发泡剂充填浆体，而且随发泡剂量的增加，充填浆体流动度也在提高。发泡剂量为 1.5% 时，流动度值增加速度最快；不同浓度情况下，加发泡剂量为 1.5% 的流动度比未加发泡剂的流动度分别提高了 26.43mm、30.99mm 和 31.05mm；发泡剂

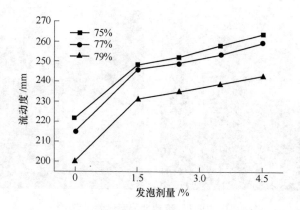

图 10-12　发泡剂量与流动度关系曲线

为 1.5%，浆体浓度为 79% 的浆体流动度值比未加发泡剂、浆体浓度为 75% 时的更大，由 221.23mm 提高到了 231.23mm；不同浓度情况下，加发泡剂量为 4.5% 的流动度比未加发泡剂时分别提高了 41.93mm、43.88mm 和 42.49mm。加入发泡剂的流动度增加主要是因为泡沫起到了润滑减阻作用。

　　发泡剂的增加虽然在一定程度上增大了浆体流动度，但是发泡剂对充填体的强度有一定削减，所以发泡剂量的选择必须综合考虑强度与流动度。图 10-13 为没有放入发泡剂、浆体浓度为 75% 的充填体强度与加发泡剂、浆体浓度为 79% 的充填体强度对比图。

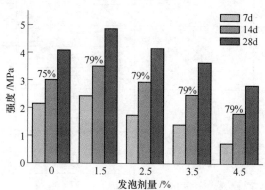

图 10-13　不同发泡剂量下的充填体强度对比

　　从图 10-13 中可知，随着发泡剂量的增加，不同养护龄期下的充填体强度值先增大后减小，发泡剂量为 1.5% 时，充填体的强度值达到最大值。发泡剂量为 2.5%～4.5% 时充填体的强度值都小于没有加入发泡剂的充填体强度值。综合考虑充填浆体的流动度与充填体的强度指标，加入发泡剂量为 1.5% 时，浆体浓度可以从 75% 提高至 79%。

10.2.2 接顶性实验室模拟试验

充填时经常会出现接顶性差，主要原因是砂浆流动性能不能满足要求，导致充填浆体没有完全充满整个采空区。该试验主要是模拟现场充填情况，直观比较发泡剂对充填效果的影响。

10.2.2.1 试验材料及装置

结合试验的目的设计如下试验装置，见图 10-14，盛料装置的侧面及顶面均采用钢化玻璃。

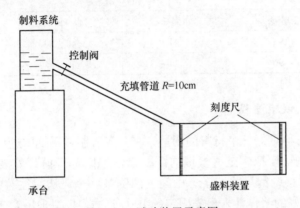

图 10-14 试验装置示意图

试验时主要的设备包括注浆泵与拌浆桶，其中制料系统如图 10-15 所示。

图 10-15 制料系统

试验材料及主要仪器包括：全尾砂、速凝剂、赣州牌圣塔水泥、B 型发泡剂、注浆泵、搅拌桶、PVC 管、控制阀、秒表、钢尺等。

10.2.2.2　试验内容

模拟现场充填，试验所需材料包括浆体浓度为 75%、配合比为 1：4 的 32.5 级水泥全尾砂膏体充填浆体（即试件 1 号）和浆体浓度为 75%、配合比为 1：4 的 32.5 级水泥全尾砂膏体泡沫充填浆体（即试件 2 号），对其进行接顶性室内模拟试验。

充填浆体配置量如表 10-11 所示。

表 10-11　试件充填浆体配置量

试件编号	材料用量			
	全尾砂/kg	水泥/kg	水/kg	发泡剂/kg
1 号	96	24	40	0
2 号	96	24	40	0.72

10.2.2.3　试验过程

（1）制料。称量好各个材料的用量，将其放入制料系统中进行制料。

（2）充填输送模拟。充填模拟前需要将钢尺固定于模型外表面，以便对流动度情况进行观察，钢尺共三个，中间、两侧各一个，从左往右编号分别为 A、B 和 C。将制备好的浆体注入事先固定的 PVC 管中，模拟现场管道输送，试验过程如图 10-16 所示。

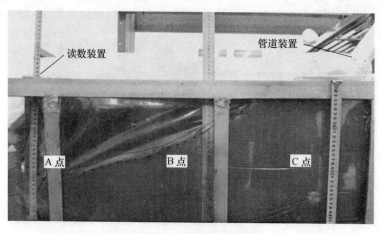

图 10-16　接顶试验过程

（3）观察并记录。充填结束时，观察充填效果，读取每个钢尺的读数并记录，充填浆体液面角度大小可由式（10-2）表示。

$$\tan\theta = \frac{b - a}{L} \tag{10-2}$$

式中，L 为 A、B 尺的水平距离；a 为 A 点读数；b 为 B 点读数。

10.2.2.4 试验结果

加入发泡剂量为 1.5% 的充填浆体的试验结果如表 10-12 所示。

表 10-12 接顶试验结果

试件编号	各个钢尺读数/cm			
	A	B	C	平均值
1号	10	21	30	20.33
2号	16	21	30	22.33

试验效果见图 10-17，其中 A、B 点读数放大后如图 b、c 所示。

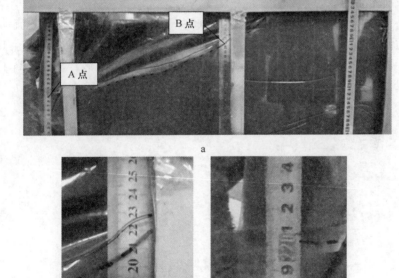

图 10-17 加发泡剂试验效果

a—整体效果图；b—A 点放大后读数；c—B 点放大后读数

由表 10-12 和图 10-17 可知，加入发泡剂量为 1.5% 的浆体平均流动高度值更大，充填效果较好；充填管道一侧 C 点的浆体高度一致，都为 30cm，B 点浆体高度也相近，都为 21cm，加入发泡剂后 A 点浆体高度为 16cm，未加入发泡剂 A 点浆体高度为 10cm，这表明加入发泡剂后充填浆体的流动度得到了一定程度的提高。加入发泡剂的充填浆体的角度为 $\tan\theta = 0.0029$，未加入发泡剂的充填浆体的角度为 $\tan\theta = 0.0064$，这表明加入发泡剂后，充填浆体的液面斜率更缓，充填效果更好。

加发泡剂的充填浆体能够输送更远距离，更容易充满整个采空区，因此接顶性能更优。

10.3　本章小结

（1）本章通过稀释倍率、发泡倍数及沉降量试验对两种发泡剂的优劣性能进行测试，试验结果表明 B 型发泡剂的稳定性比 A 型发泡剂好。

（2）利用胶砂流动度测定仪对浆体流动度进行测试，发现加入发泡剂后充填浆体的流动度明显增大，其中，加入发泡剂量为水泥的 1.5% 时，充填效果最好。综合考虑流动度与强度两个指标，可将浆体浓度由 75% 提高至 79%，这正是矿山企业所希望的。

（3）通过实验室模拟现场充填接顶试验，证明了泡沫充填浆体的流动性比普通充填浆体的流动性更好，浆体线与水平面夹角从 $\tan\theta = 0.0064$ 降低至 $\tan\theta = 0.0029$，说明浆体能够输送更远距离，更容易充满整个采空区，从而提高了充填接顶效果。

参 考 文 献

[1] 刘有同. 充填采矿技术与应用 [M]. 北京：冶金工业出版社，2001.

[2] 蔡美峰，何满潮，刘东燕. 岩石力学与工程（第二版）[M]. 北京：科学出版社，2013.

[3] 周爱民. 矿山废料胶结充填 [M]. 北京：冶金工业出版社，2010：10.

[4] 王新民，古德生. 深井矿山充填理论与管道输送技术 [M]. 湖南：中南大学出版社，2010.

[5] 郭惟嘉. 煤矿充填开采技术 [M]. 北京：煤炭工业出版社，2013：10.

[6] 黄玉诚. 矿山充填理论与技术 [M]. 北京：冶金工业出版社，2014：3.

[7] 刘建功，赵庆彪. 煤矿充填开采理论与技术 [M]. 北京：煤炭工业出版社，2016：4.

[8] 徐文彬，宋卫东. 高浓度胶结充填采矿理论与技术 [M]. 北京：冶金工业出版社，2016：1.

[9] 蔡嗣经，王洪江. 现代充填理论与技术 [M]. 北京：冶金工业出版社，2012：5.

[10] Yilmaz T, Ercikdi B, Deveci H. Utilisation of construction and demolition waste as cemented paste backfill material for underground mine openings (Article) [J]. Journal of Environmental Management, 2018：250~259.

[11] 靳社英，鲁洪军. 鑫汇金矿缓倾斜中厚矿体的采矿新工艺 [J]. 采矿技术，2003，3 (2)：36~37.

[12] 王泽群. 块石胶结充填新工艺在新桥硫铁矿的应用 [J]. 矿业快报，2005，21 (5)：7~9.

[13] 亢太鹏. 凡口铅锌矿采矿与充填技术简介 [J]. 南方金属，2017 (6)：26~29.

[14] 杨志强，王永前，高谦，等. 金川镍矿尾砂膏体充填系统工艺技术改造与应用研究 [J]. 有色金属科学与工程，2014，5 (2)：1~9.

[15] 张耀平，苏晓萍，谭伟，等. 泡沫砂浆充填体的应用价值研究 [J]. 金属矿山，2013 (10)：40~42.

[16] 林国洪. 尾砂胶结充填新工艺在武山铜矿的研究与应用 [J]. 铜业工程，2008 (3)：7~9.

[17] 李朝辉，王振环，周建华. 武山铜矿下向分层充填采矿法假顶布筋形式新工艺试验 [J]. 甘肃科技，2004 (10)：44~45.

[18] 李保健，周涌，刘允秋，等. 会宝岭铁矿全尾砂非胶结充填新工艺 [J]. 金属矿山，2015 (S1)：33~35.

[19] 马海玉，尧金才. 尾砂充填新工艺探讨 [J]. 有色冶金设计与研究，2015，36 (6)：5~6.

[20] 刘惠平. 煤矿胶结充填开采新工艺探讨 [J]. 山西焦煤科技，2014 (2)：44~46.

[21] 崔建强，孙恒虎，黄玉诚. 建下似膏体充填开采新工艺的探讨 [J]. 中国矿业，2002，11 (5)：34~37.

[22] 黄沛生. 盘区机械化细砂水砂充填采矿新工艺实践 [J]. 有色金属（矿山部分），2001 (5)：2~5.

[23] 杨金维，余伟健，高谦. 金川二矿机械化盘区充填采矿方法优化及应用 [J]. 矿业工程研究，2010，25 (3)：11~15.

[24] 江宁，邓代强，姚中亮. 草楼铁矿充填接顶新工艺 [J]. 矿业研究与开发，2010，30 (3)：18~19，84.

［25］中华人民共和国国家标准．土工试验方法标准（GB/T 50123—1999）［S］．北京：中国计划出版社，1999．

［26］中华人民共和国国家标准．工程岩体试验方法标准（GB/T 50266—2013）［S］．北京：中国计划出版社，2013．

［27］中华人民共和国国家标准．水泥水化热测定方法（GB/T 12959—2008）［S］．北京：中国标准出版社，1999．

［28］中华人民共和国国家标准．普通混凝土力学性能试验方法标准（GB/T 50081—2002）［S］．北京：中国建筑工业出版社，2002．

［29］爆破安全规程：GB 6722—2014［S］．2014．

［30］中华人民共和国国家标准．水泥胶砂流动度测定方法（GB/T 2419—2005）［S］．北京：中国标准出版社，2005．

［31］吴立．凿岩爆破工程［M］．长沙：中南大学出版社，2011．